英格蘭廚房日記

冬去春來的生活與料理

秋宓 著／攝影

TCHEN
ARY

NTER &
RING

pes from
mber to May

前言

入廚 7 年

世界上大多數的事情，只要你堅持做下去，就會出成果。聽說過一種「7 年」理論，意思是堅持做一件事，每天 4 小時，堅持 7 年，達到 10,000 個小時就會成為這個領域的專家。我喜歡這個「7 年」理論，是因為不要一件事做到死，起碼每 7 年就有轉換的機會。試想，人生前 3 個 7 年在學校學習，接著兩個 7 年用來找到合適的工作和成家生子。這 5 個 7 年過去才 35 歲，大多數人還有另外 5 個 7 年。這 5 個 7 年利用好了，就可以成為 5 個領域的專家。即便不能成為專家，也能達到比一般人高超許多的水平。對於不以此為職業，只為娛樂自己的人來說，這就足夠了。

可是，我回顧一下自己的前半生，展望一下後半生，悲哀地發現「7 年」理論沒有在我身上應驗過，而以後能驗證這一理論的機會也不大。

我的興趣愛好多得數不勝數，有一陣子我喜歡畫畫，油畫、水彩、素描均有涉獵；後來又迷上書法，蘭亭序、勤禮碑臨了不少；鋼琴學過，茶人做過，吉他斷斷續續還在學；每天游泳，隔天健身房打卡，溜冰場上我是鮮有的能飛奔、壓道的家長。

但是諸多愛好都是半桶水，無一精通。我這個人喜歡改變，一成不變的東西我做不來。說好聽了是興趣廣泛，說得不好聽就是喜新厭舊，沒有恆心。

說起來容易，做起來難，難就難在每天要付出相當多的時間，還要堅持 7 年。

堅持，有兩個理由。第一就是喜歡。只有發自內心的喜愛，才有激情，才有動力。第二就是生活的需要。大多數人開始認真做一件事情的主要目的，便是賺取生活費。當然，可能最初也是喜愛的。但是，愛好一旦與金錢掛鈎，終有一天會趣味皆失，成為令人厭煩的工作。可是到頭來，還是第二類人最能堅持，因為不堅持就沒飯吃，但強加之下成功之士寥寥。單憑喜愛去做事，而且不要求金錢回報的，最難堅持，但如果堅持下來，成功係數頗大。

正在哀我不幸，怒我不爭之時，忽然曙光乍現。我發現有一件事，我居然已經堅持做了 7 年，還將無限地堅持下去的，而且每天輕鬆達到 4 小時的標準。是否成「家」姑且不論，關鍵是我每天都還在興趣盎然地做著，如此這般下去，難不成我終有一天能功成名就，揚眉吐氣一番？

這件事說起來不光彩照人，也不富有傳奇色彩，既不文藝也不小資。這不過就是我每天早中晚各花兩小時，最終把自己搞得蓬頭垢面，把整潔明亮的廚房變成不折不扣的戰場的那件事。

我光榮地發現，自從菲傭走後，我一個人掌管廚房事務，侍奉四口之家的每日三餐，一轉眼已經走過 7 個年頭。

這「入廚 7 年」當然和結婚 7 年的癢癢難耐大不同。如果說後者是天堂到地獄，那麼前者就是地獄到天堂，而且前者做得好也能有效地「止騷袪癢」。我的入廚 7 年是雲開霧散，漸入佳境的。但世界上沒有「廚家」之說，只有「廚師」，而我自然不夠格做廚師，充其量不過一個「家廚」。通過 7 年的不懈努力，連個正式的稱號都沒混上，自冠「家廚」聊以慰藉。

其實，「家」和「廚」本就是一體，家總是有廚房的，沒有廚房的房子不是家，是酒店。在西方，通常廚房是一棟房子的中心地帶，與飯廳相連，可以一邊下廚一邊看電視，與家人聊天。而我還是偏愛中式的獨立廚房，關上門，就是自己的天地，可以擼起袖子，紮上圍裙，搏殺一番。廚房要面積夠大，工作枱面夠多，能夠讓家廚們把十八般「兵器」一一亮出來。理想的廚房，當然還要有一扇大窗，不必面朝大海，只需對著花園，陽光充足就夠了。另外，還需配一套好音響，一邊下廚一邊聽小說或音樂，那是至高的享受。有時一部好小說竟然是下廚的動力。雖然有人陪伴烹飪更窩心，但我更喜歡專注其中，換來心靈的安寧與喜悅。下廚，是我的另類禪修。

「家廚」們年復一年，每天樂此不疲地做著一件不求回報的事情。他們經常為發現新料理而興奮不已，以自己做的食物被一掃而光而心懷感激，看著家人咀嚼時露出的微笑而大感滿足。

他們不要求受到世人尊敬，只求把家人餵飽餵好，他們是問之無愧的家庭廚神。

廚師分中、西餐；點心師傅也分中點、西點；此外還有冷廚、熱廚等各種精細分工。餐廳的廚房運作依靠團隊合作，有大廚、打荷、炒鍋、砧板，還有洗碗、打雜的。而家庭廚神們則是全能，就像全科醫生一樣，不但十八般武藝樣樣精通，還能裡外一腳踢。他們既能在節假日為親朋好友張羅一桌「滿漢全席」，也能隨時把自家廚房打造成深夜食堂，送上暖心小炒；他們幾十年如一日，苦心經營，細心鑽研，最終把自己打造成「廚神」，把家人培養成「食神」。

我自詡是家廚們中的一員。我的成長，從 7 年前菲傭考進護士學校辭職，我戰戰兢兢地接管廚房開始。4 年前，從香港搬到英國，沒有了「大家樂」，買不到菜心和油條，家裡兩個小男孩變成「大胃」青少年，使得我不得不在成「神」的道路上一路狂奔。

以前喜歡香港的「蛋撻王」，現在無論是曲奇皮蛋撻，還是酥皮蛋撻都能整得似模似樣；價格不菲的芝士蛋糕，成了我的拿手好戲，從北海道輕芝士、紐約濃芝士，到藍莓芝士卷、檸檬芝士批都不成問題；自己做的陝西拉條子絕不輸給蘭州拉麵；自己炸的天婦羅可以敞開懷地吃。以前覺得很神秘的料理，從日本照燒雞、南蠻魚到法式藍帶雞扒、蒜蓉青口，現在都成了家常便飯。懷舊了，就來個「港式焗豬扒飯」；開心了，就炸

我的廚房筆記。

些「居酒屋胡椒雞翼」慶祝；傷心了，就煮一大鍋「鄉村牛肉批」療傷；思鄉了，就包頓「酸菜餃子」一解鄉愁。算算我在廚房的時間，每天都超額完成「4 小時」任務，小說也聽了無數本，陪伴我的有金庸筆下的令狐沖、韋小寶，也有伍爾夫的意識流，還有毛姆、卡繆、卡夫卡。拜廚房工作所賜，我的文學素養也得到了顯著提高。

這當中的酸甜苦辣恐怕只有「家廚」們才能體會。早上寧靜美好的廚房，到晚上成了哀鴻遍野的戰場；奮戰兩小時的豐盛餐食不消 20 分鐘就杯盤狼藉等待收拾；一雙纖纖玉手常常帶著燙傷刀傷；為了逃避油煙味，我裹著圍裙，戴著浴帽，再加上近視眼鏡，冷不丁一看以為是防疫裝束；做得好吃皆大歡喜，做得不好吃也剩不下，自家餐桌上總是擺滿溫馨。

我的書房、廚房和花園呈三點一線，踏出書房就是廚房，廚房外就是花園。每天穿梭在這三點，把時間劃為三等份，對我來說倒是一個完美的平衡。當我發現每天花在廚房的時間很「可觀」的時候，便會問自己，是好事還是壞事。姑且認為「好」多於「不好」，因為烹飪不單為家人提供了營養美味的食物，還很療癒，富有樂趣，也是自我表達的一種有效方式。

廚房外的小花園，是我的另一番天地。在這裡我觀察草木蔬果和小鳥昆蟲，體會四季的變化和大自然的神奇。這方土壤把我與食材真正地聯繫起來，又給了我一個寫作烹飪之外身心放鬆的機會。

於是我走進書房，決心把我在廚房內外的活動記錄下來，分享美食的製作，食物的故事，以及英格蘭季節變換和日常生活的點點滴滴。

然而，這絕非一本普通的食譜。

暢銷飲食作家邁克爾・魯爾曼（Michael Ruhlman）說過：食譜不是使用說明書，該更像樂譜，給予演奏者無限的演繹空間。我不是專業廚師，只是一個不斷學習的居家廚人；食譜也不是聖經，其本意是給予人靈感。所以，請權當這是你煮飯時我陪你在廚房聊天，也許我們之間的思想能夠撞出火花，給你帶來更多的靈感。

如果你看了這本書有煮食的衝動，能走進廚房為自己和家人認真地做一頓飯，或者能從新的角度理解食物與我們的關係，重新演繹我筆下的料理，我就會欣慰地微笑，舉杯和你說一聲：Cheers！

冬 WINTER

春 SPRING

5月 MAY

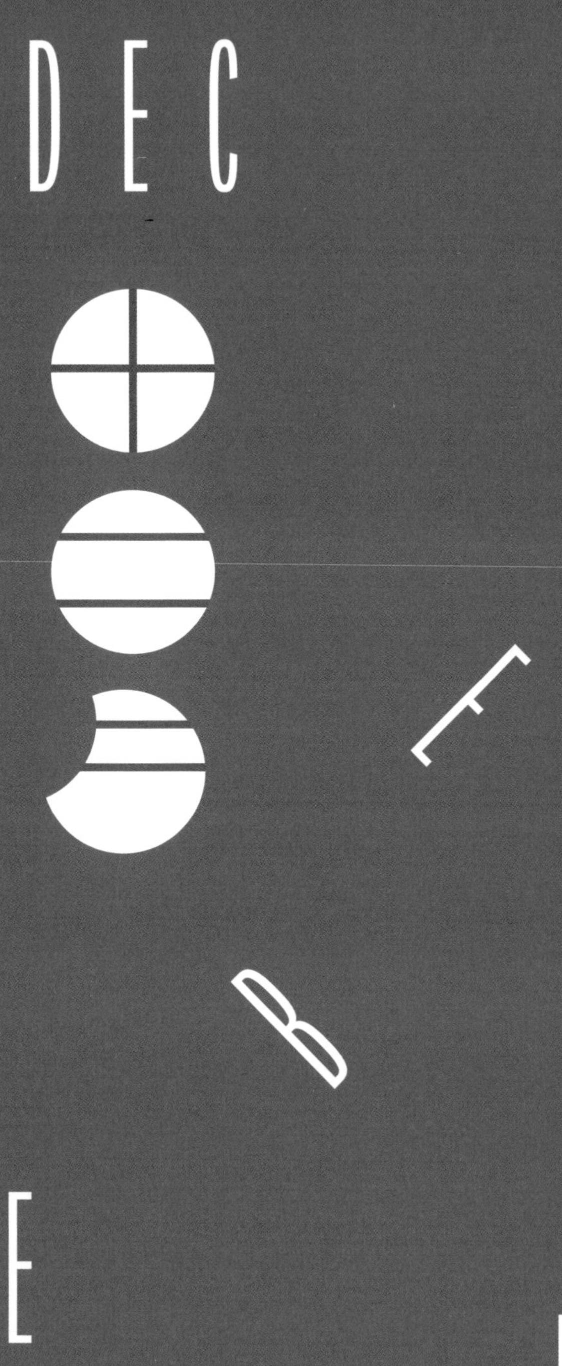
DEC
E
M
B
E
R

12 月其實是羅馬舊曆中的第 10 個月，也是最後 1 個月。拉丁文 Dece 是「10」的意思，從而演變出 12 月的英文名 December。

盎格魯－撒克遜人 (Anglo-Saxons. 指在公元 5 世紀從歐洲大陸移居不列顛，在島上定居的英國人祖先) 把 12 月叫做「冬月」或者「神月」，後者大概是因為聖誕節在 12 月。

12 月，英國的大街小巷都充滿了聖誕氣息。市中心的商業區立起了巨大的聖誕樹，商戶都掛滿聖誕裝飾和小彩燈，街頭巷尾飄蕩著歡快的聖誕歌曲。商店也會售賣大量聖誕飾品，聖誕節禮品更是五花八門。

聖誕節是英國最重大的節日，有兩天公眾假期，接著就是新年假期。一踏入 12 月，人們都會提前進入度假模式，休閒第一，工作第二。

---

12 月 25 日：聖誕日 / 12 月 26 日：聖誕節禮日（Boxing Day）

隔夜發酵白歐包

12 月 1 日

多雲　3°C

這個周日的早晨，特別地安靜。學校開始放期中假期，社區裡也是靜悄悄的。我喜歡在周末焗麵包，讓孩子們在麵包的香氣中醒來。

歐洲人通常吃略帶鹹味的麵包。剛出爐的歐包切片，塗抹牛油，是最簡單的美味。或者煎一個雞蛋和一片煙肉，把歐包切片放入煎過煙肉的鍋裡焗得兩面焦黃，兩片麵包夾著雞蛋和煙肉，沾一下茄汁和英式辣芥末醬，軟嫩的雞蛋、酥脆的煙肉，層層疊疊的味道和口感之後，是滿口的麥香，令人回味無窮。

我與法式包點是一見鍾情的。許多年前，我第一份工作的寫字樓旁邊大酒店樓下有一間麵包坊叫做「巴黎麵包坊」。那裡售賣牛角包等法式酥皮點心和好喝的咖啡。記得有一次加班之後，老闆請我們幾個員工吃點心，喝咖啡。他說那裡的牛角包很有水準。那是我第一次吃牛角包，驚歎世界上還有這麼好吃的麵包。

記得有一年去法國，小客棧堅持7時半才開始提供早餐，因為附近麵包坊的麵包那時候才剛出爐，老闆絕對不會用超市的麵包，或隔夜的麵包代替。那兩周，我幾乎餐餐都吃硬硬的法國麵包，當然除了法棍之外，還有各式各樣的法包，通常都是焗得顏色焦黑。但酥脆的表皮下，麵包內部柔軟，富有彈性，越嚼越香。

法國以美食著稱，法式麵包也是一絕。當你吃厭了千篇一律的軟綿綿的方包之後，恐怕就會開始欣賞法式麵包。那種焗得裂開，粗糙焦黑，個頭碩大的手工麵包是我的最愛。

如果你還沒有親手焗過麵包，我勸你嘗試一下。你不僅會發現原來焗麵包是如此簡單，可能還會愛上剛出爐的味道，從而樂此不疲。

製作手工麵包，和麵（即水與麵粉混合）和揉麵是一個非常療癒的過程。對於麵糰和揉麵糰的人來說，這是一個互相認識，互相理解的過程。當一攤濕麵在手中逐漸成型，手掌的溫度讓柔軟的麵糰變得光滑有彈性；當你輕輕地為麵糰拍上乾粉，會驚奇地發現，那個光溜溜，溫熱的小東西就像一個酣睡的小嬰兒。其實，做歐包不需要花大力氣揉麵，更不需要又摔又打地排氣，反而要手法輕柔，溫和地對待麵糰，盡量保留氣泡，因為其中富含風味。

當然，自己焗麵包並不是一件怎樣高效率的活動。如果你著急，沒有時間也沒有心情，那麼不焗也罷。因為麵粉發酵也是急不得的事情，而且越是慢發酵，味道才越豐富。所以，請小心使用那些超市買的酵母粉，它們通常活力超群，應盡量減少用量。

無論世界上有多少種麵包，白歐包始終是最好的。吃過各種全麥、黑麥和裸麥之後，你可能還會想念白歐包。隔夜發酵白歐包表皮焦脆，切下去「咔嚓」有聲，內部有不規則的大孔，柔軟又有嚼頭，風味十足。

如果焗麵包的時間安排恰當，實際操作麵糰的時間並不長。時間是魔法棒，長時間發酵才是好味道的關鍵。隔夜發酵就是一個好辦法。休息日的頭一天晚上和麵，第二天早上不用趕去上班和上學，可以從容地焗烤，正好當作早餐。

我們總是對自己焗麵包，尤其是歐包表示懷疑，認為沒有超高溫的焗爐，無論如何也不可能焗得像麵包坊那麼好。但是，如果你碰巧有一個鑄鐵鍋，就能焗出表皮鬆脆，像麵包坊一樣專業的麵包。用鑄鐵鍋焗麵包的原理類似石板烘焙。鑄鐵鍋熱容量大，在焗爐中預熱 45 分鐘後，麵糰放進去，蓋上蓋子再進焗爐。這樣，保證麵糰受到高溫焗烤，極速膨脹，而鍋內又有足夠的水蒸汽，可以防止表皮過早凝結，家用焗爐也能焗出專業歐包。

以下材料可以製作兩個麵包。在室溫 21°C 的情況下，初次發酵時間為 12 至 14 個小時，最後發酵約 80 分鐘。如果室溫較低就要留意發酵時間會變長，最好的辦法是把麵糰放在較暖的環境，比如冬天可以放在暖氣旁邊。如果夜晚難以提高環境溫度，可以少量增加發酵粉，以確保第二天早晨能夠按照時間表出爐。

這個食譜來自肯 ‧ 福克斯的《麵粉、水、鹽、酵母》，是一本難得的好書，喜歡焗麵包的朋友不妨買來看看。

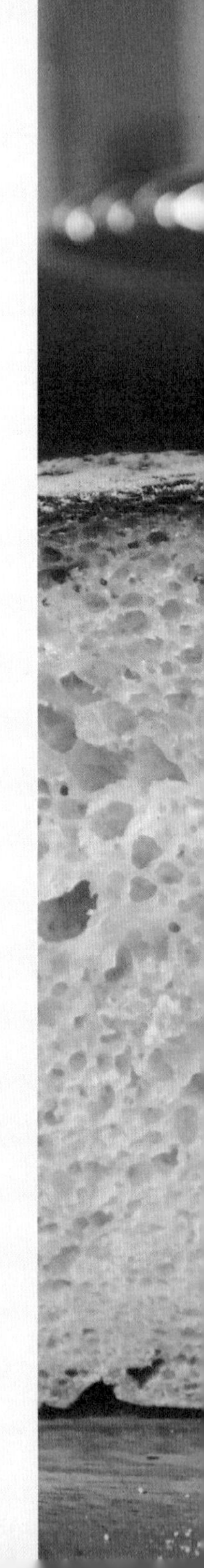

發酵白歐包 WHITE BREAD パン 隔夜發酵白歐包 WHITE BREAD パ
包 WHITE BREAD パン 隔夜發酵白歐包 WHITE BREAD パン 隔夜發

隔夜發酵白歐包

Overnight White Bread

份量

- 2 個

材料

- 白麵粉：1000 克
- 水：780 克 (32-35°C)
- 鹽：22 克
- 酵母：0.8 克
- 鑄鐵鍋（無陶瓷塗層）：直徑 25 厘米，深 10 厘米

備註

時間安排：晚上 7 點和麵，8 點整形，第二天早上 9:15 進焗爐，10 點麵包出爐。

① 把水和麵粉用手充分混合，加蓋，靜置 20 至 30 分鐘。這期間麵粉有足夠的時間發展麵筋，鹽和酵母不利於麵筋發展，所以約 20 分鐘之後再放入。

② 把鹽和酵母均勻地撒在麵糰上，用沾了水的手探入麵糰底部，拉出大約四分之一，但不要拉斷，摺疊到麵糰頂部，轉動容器如此重複三、四次，把鹽和酵母完全包裹到麵糰中。

用大拇指和食指把麵糰掐成幾節，然後再摺疊幾次。反復掐斷、摺疊，使鹽和酵母充分溶入麵中。休息 30 秒，再重複以上動作幾次，麵糰開始變得有彈性。此時麵糰的理想溫度是 25°C 至 26°C。

初發酵的前 1 個半小時，每隔半小時摺疊麵糰一次，每次 1 分鐘，大概摺疊三次，就開始隔夜發酵。

③ 到第二天早上，相隔大約 12 至 14 個小時後，麵糰長到原來體積的三倍左右，就發酵好了。

在麵板上撒少許乾麵粉，手上也沾上乾麵粉，在容器和麵糰接觸的邊緣撒少許乾麵粉。傾斜容器，用一隻手把麵糰輕輕地拉出置於麵板上，注意不要用力過大拉斷麵筋，將其均勻地攤放在麵板上。

④ 開始整形。摺疊幾次，形成一個柔軟、有彈性的麵糰。盡量保留氣泡，因為這些氣泡裡有豐富的味道。

⑤ 雙手環繞麵糰，兩個小手指緊貼麵糰底部，把麵糰拉向身體，重複幾次，收緊麵糰。

⑥ 把麵糰光滑面向下放入撒有乾麵粉的發酵藤籃中，套上塑膠袋，置於溫暖處，開始最後發酵。

⑦ 最後發酵大概 **1** 小時左右，關鍵是既要確保充分發酵又要防止過度發酵。充分發酵的麵包會膨脹到最大體積，風味更加濃郁。如果發酵過度，就會塌陷。

「指戳法」可以幫助你判斷發酵程度。在麵糰頂部撒少許乾麵粉，用食指輕戳進大約 **1** 厘米左右。如果馬上彈出，表示未發酵完全；如果不彈出，則發酵過度。慢慢彈起，還留有一點凹陷，就是發酵正好的表現。

⑧ 鑄鐵鍋放進焗爐以 **245°C** 預熱 **45** 分鐘。

⑨ 把藤籃倒轉，輕輕把發酵好的麵糰轉移到麵板上。小心地把鑄鐵鍋拿出，打開蓋子，留一隻手套在蓋子上（防止手忙腳亂忘記戴手套）。雙手運用整個手掌的力量捧起麵糰，輕輕放入鍋中。蓋上蓋子，焗烤 **30** 分鐘。然後去蓋，繼續焗 **10** 至 **15** 分鐘，至表皮深咖啡色。

⑩ 焗好的麵包頂部會自然裂開。取出麵包置於鋼架上冷卻 **20** 分鐘。

現在，享受切麵包的「咔嚓」聲，和撲鼻的麥香吧。

勃艮第紅酒燉牛肉

12 月 2 日

晴　8°C

一直對法國菜情有獨鍾，記得那年去南法蔚藍海岸，克里斯汀駕車帶我去米芝蓮餐廳吃飯。他點了醃鳳尾魚做開胃菜。他把法棍擦滿牛油，然後放一隻小魚在麵包上，一口吃掉，再用剩下的麵包擦盤子上的醬汁。他弄了一塊給我嘗，雖然抱著懷疑的態度，但入口細嚼，滿嘴的鮮香讓人難忘。

說起法國菜，朱莉亞・查爾德的《掌握法國菜的烹飪藝術》可謂法國烹飪的「聖經」。我從網上買來犒勞自己，一日後便收到一個沉甸甸的紙箱，正納悶我好像沒買什麼大東西，拆開一看，原來是上下兩冊書，又厚又重，著實把我嚇了一跳。每冊都有 750 頁，而且文字密密麻麻，沒有現代烹飪書的圖片，第一感覺有點沉悶。可是一翻開書，讀了第一頁就被牢牢吸引住了。

書的內容非常細緻，絕對不是乾巴巴的烹飪配方和指示，朱莉亞就像在和你聊天一樣，把烹飪原理和小竅門一一道來。我不喜歡簡單的羅列式烹飪書，這種公式化的東西網上比比皆是。我反而喜歡細讀文字，那才是作者的精華。幾年前看過《美味關係》（*Julie & Julia*）的電影，講的就是主人公朱莉跟著朱莉亞的這本書烹飪一年的故事，其中講到勃艮第（Burgundy）紅酒燉牛肉，讓人很有試試的衝動。今天家裡有紅酒也有牛肉，不如就做這道經典法國菜。

書中寫道，牛肉一定要用廚房紙擦乾，否則在鍋中無法發生焦糖化反應。於是老老實實地把切成大塊的牛肉一塊塊擦乾。把牛肉下鍋煎的過程也考驗耐心，不但每塊牛肉的四個面都要煎得焦黃，而且一次不能處理太多，我分了三批處理。蘑菇也是一樣，要把握住鍋夠熱，用牛油和分批少量的原則，蘑菇就會鮮嫩多汁，而不會釋放大量水分變成煮蘑菇。

如此這般，按照書中的步驟一步步地做好，放進焗爐 3 個小時慢燉。溫暖的廚房充滿了燉牛肉的香味，這恐怕是廚房最美的時光。牛肉燉得酥爛，酒精蒸發後，留下紅酒的醇厚與甘甜，蔬菜吸收了牛肉和紅酒的精華也得到了昇華。這一鍋承載著的不單是美味與營養，還滿載著對生活的熱愛和期許。配薯蓉、豌豆泥，佐以比較年輕的勃艮第紅酒，便是周末完美的一餐。

紅酒燉牛肉 BOEUF BOURGUIGNON 牛肉のブルゴーニュ風煮込
牛肉 BOEUF BOURGUIGNON 牛肉のブルゴーニュ風煮込み

勃艮第紅酒燉牛肉

Boeuf Bourguignon

份量

- 4 人

材料

- 牛肉：1000 克
- 五花煙肉：160 克
- 紅蘿蔔：4 條
- 洋蔥：1 個
- 紅酒：500 毫升
- 牛肉濃湯寶：1 個
- 鹽：1 湯匙
- 黑胡椒粉：適量
- 麵粉：25 克
- 番茄膏：1 大匙
- 大蒜：2 瓣
- 迷迭香：1/2 茶匙
- 香葉：1 片

- 迷你洋蔥：10 個
- 牛油：15 克
- 紅酒：100 毫升
- 迷迭香：1/4 茶匙
- 香葉：1 片
- 鹽：少許
- 胡椒粉：少許

- 蘑菇：350 克
- 牛油：20 克
- 鹽：少許
- 胡椒粉：少許

- 橄欖油：適量

---

① 牛肉可以選擇帶肥肉的牛腩或較瘦的牛扒，切成邊長 5 厘米的大塊。清洗後，每一塊用廚房紙擦乾。紅蘿蔔切粗條，洋蔥切 8 瓣。大蒜切末。迷你洋蔥剝皮，蘑菇清洗後用廚房紙擦乾。煙肉選擇五花肉製成的，帶較多肥肉，煙肉切粒。

焗爐預熱至 240°C。準備直徑 24 厘米鑄鐵鍋。

② 先在鑄鐵鍋放一湯匙橄欖油，油熱下煙肉粒。小火煎至金黃，豬油滲出。取出待用。

③ 把牛肉逐件放入鍋中，每次不要放太

多，分三到四次處理。耐心地把牛肉的四面都煎至金黃，微焦。這時牛肉表面產生美拉德反應（**Maillard reaction**），不但能夠鎖住肉汁，形成濃重漂亮的朱古力般的色澤，還能產生濃郁複雜的牛肉風味。由於產生美拉德反應的溫度條件為 **118°C**，而水分蒸發前溫度都不會高於 **100°C**，所以務必用紙巾擦乾食物表面的水分，才能成功地產生美拉德反應。

④ 把煎好的牛肉取出，與煙肉放在一起。就用這個有油的鍋子，放入切成 **8** 瓣的大洋蔥和紅蘿蔔條，也煎至金黃，取出待用。

把牛肉和煙肉放回鑄鐵鍋內，撒鹽、胡椒和麵粉，拌勻。這時，牛肉表面都裹上了薄薄一層麵粉。不蓋蓋子，把鑄鐵鍋放入焗爐焗 **4** 分鐘，拿出用鏟子翻面，再入焗爐焗 **4** 分鐘。這時的牛肉表面形成了一層焦脆的薄皮，取出鑄鐵鍋，焗爐溫度調低至 **160°C**。

⑤ 在鍋中加入紅酒、濃湯寶、各種香料、調味品、煎過的洋蔥和少許清水。湯汁以剛剛沒過牛肉為準。中火燒至湯滾，加蓋，放入焗爐，低溫慢煮 **3** 小時。

⑥ 這時開始，處理迷你洋蔥和蘑菇。平底鍋下牛油和少量橄欖油，牛油融化開始冒泡時，加入洋蔥。小火煎至各面金黃微焦，小心不要把洋蔥煎散。下各種香料、鹽、胡椒粉和紅酒，加蓋，小火煮 **40** 至 **50** 分鐘。煮好的洋蔥柔軟透明，湯汁濃稠，味道甜中有鹹，還微微帶點酸味，非常可口醒胃。煮好的洋蔥可以就這樣做配菜，也可以加入牛肉鍋中。

⑦ 牛油、調料和橄欖油下鍋，油熱下蘑菇，中火炒至微微變色，取出待用。可以分開兩次處理，這樣的蘑菇不會釋放水分，以保證鮮嫩多汁。

⑧ **3** 小時後，牛肉很容易用叉子插入，就好了。把牛肉與湯汁分開，清洗鑄鐵鍋。再放入牛肉，然後把紅蘿蔔、蘑菇和迷你洋蔥蓋在牛肉上。

⑨ 湯汁用小鍋大火燒開，煮一會，蒸發水分使湯汁濃厚。把濃汁澆在蔬菜和牛肉上，蓋上蓋子。如果是提前煮的，可以在吃之前把整鍋在爐灶上小火煮 **10** 至 **15** 分鐘。

主食為薯蓉，配菜可選豌豆泥或白灼西蘭花。佐以勃艮第紅酒，安坐家中即可享用味道正宗的法式經典大餐了。

南蠻雞腿飯配塔塔醬

12月4日

大致天晴　7°C

我喜歡日本，也喜歡日本美食。這幾天找到書架上一本高木直子的《一個人暖呼呼：高木直子的鐵道溫泉秘境》，在陰冷的英國冬天，最羨慕的不外乎是能泡上熱乎乎的溫泉，出浴之後再吃一頓大餐。上次去日本東海岸，酒店的露天溫泉面向太平洋，半躺在汩汩冒泡的溫泉池，把自己赤裸裸地交給天與海，那一刻恐怕就是天人合一的感覺吧。泡完溫泉，渾身鬆軟，穿著浴袍直奔餐廳，享用酒店準備的豐盛晚餐。溫泉和美食，加在一起真是妙不可言。

CKEN THIGH 600g 雞蛋 EGG 2個 醋 VINEGAR 60ml 醬油 SOY SAUCE 50ml 糖 SU

記得有一次去東京，酒店出門拐個小彎，是一處僻靜的庭院。古舊的二層樓上有間小餐館。我看見附近好多下班的人士來吃飯，索性也進去試試。店裡燈光幽暗，廚房卻燈火通明，有侍應見我進來，高聲招呼，拿來餐牌。我一看，卻也簡單，一共就只有 5 個菜。於是選了塔塔醬南蠻雞肉套餐。

不一會，菜來了。盤子裡有一大塊炸雞腿，上面還淋了淡黃色的塔塔醬汁。炸雞酥脆，那塔塔醬是點睛之筆，酸甜醒胃。這醬汁有小黃瓜的清香，又有蛋黃醬的濃郁，把酥脆爽口的南蠻炸雞提升到另一個層次。環顧小店，顧客來來去去，相信都是熟客。能在東京鬧市區找到這樣一家地道而平價的小店，真是好運氣。南蠻炸雞配塔塔醬，難忘的東京美味。

中國人通常對英國超市的雞肉都會很失望，超市裡即使有機走地雞也是肉質軟綿，沒有雞味。但是南蠻雞腿味道來自濃郁的醬汁，所以可以掩蓋英國雞肉的缺陷。「南蠻雞肉」是日本南部宮崎縣的代表性美食。通常選用雞腿肉，但也有用雞胸肉的，油炸，趁熱澆上南蠻甜醋汁。這裡使用的甜醋汁是南蠻醃鯖魚經常用的醬汁，據說是由歐洲傳入日本，所以命名「南蠻料理」，也叫「南蠻漬」，就是把炸好的魚或者雞放在甜醋汁中浸泡。浸泡過醬汁的炸雞酸甜可口，鮮嫩多汁，絲毫不油膩，配西式塔塔醬，無論是做下酒小菜還是做成丼飯，都妙不可言。

由於我不喜歡油炸，所以改為煎雞腿，味道也是一如既往的好。

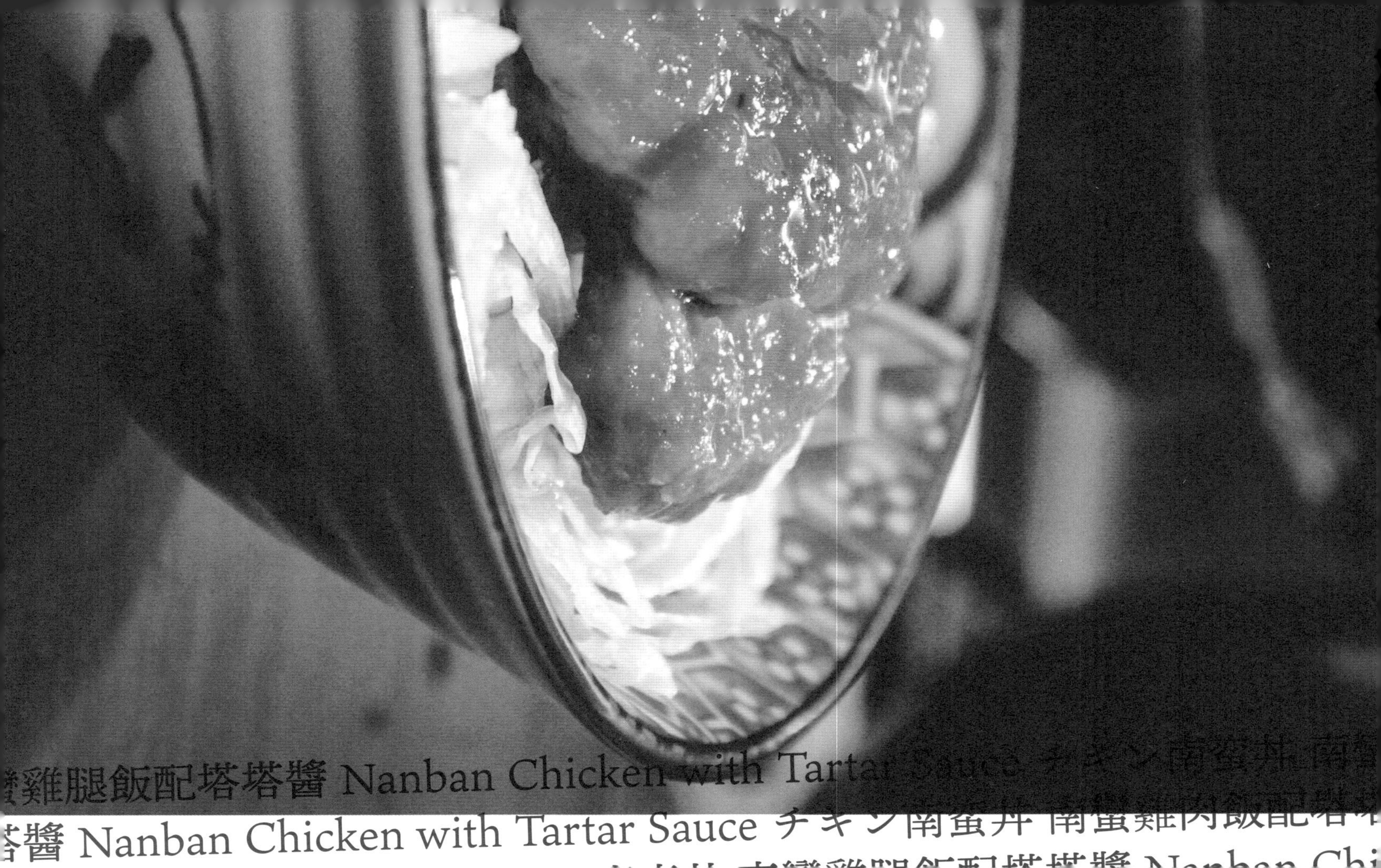
雞腿飯配塔塔醬 Nanban Chicken with Tartar
醬 Nanban Chicken with Tartar Sauce チキン南蛮丼 南蛮雞肉飯配塔

南蠻雞腿飯配塔塔醬

Nanban Chicken with Tartar Sauce

份量

- 4 人

材料

- 去骨雞腿：600 克（約 6 塊）
- 麵粉：適量
- 橄欖油：少許

南蠻汁：

- 醋：60 毫升
- 醬油：50 毫升
- 味醂：20 毫升
- 糖：20 克

塔塔醬：

- 洋蔥：半個
- 小黃瓜：1 根（約 6 厘米長）
- 糖：15 克
- 雞蛋：2 個
- 蛋黃醬：30 克
- 乳酪：30 克
- 鹽：適量
- 胡椒粉：適量

- 生菜：適量
- 飯：適量

① 先準備塔塔醬。把小黃瓜切粒，撒上一點鹽，靜置一會兒。用一塊廚房紙包住黃瓜粒，擠出多餘的水分。雞蛋煮熟，去殼，切粒。洋蔥，切粒。然後把所有材料混合，待用。

南蠻汁的做法很簡單，把上述材料混合即成。可以嚐嚐味道，按照自己的喜好調節酸甜度。

② 雞腿肉攤平，在肉上劃幾刀，切斷筋防止遇熱收縮。在雞腿的正反面均勻地撒上少許鹽和胡椒粉。雙面沾上麵粉，拍去多餘麵粉。

③ 平底鍋熱後，加少許橄欖油。因為雞皮會出油，所以不需要太多油。雞皮向下，把雞腿放入鍋中小火煎至雙面金黃。如果鍋子小，分開三次煎，煎好的出鍋待用。煎鍋裡的油不要倒掉，這是雞肉的精華。最後把所有煎好的雞腿放進鍋中，倒入南蠻汁，小火煮 3 分鐘，雞腿翻面，蓋上蓋子，熄火。麵粉的作用是為雞肉包裹一層麵粉皮，這樣更容易吸收湯汁。這道菜最好提前幾個小時做好，讓雞肉浸泡在南蠻汁中一段時間，味道更好。

④ 生菜切絲，鋪在米飯上，把雞肉放在生菜絲上，澆上煎鍋裡的南蠻汁，再澆上塔塔醬。這樣一碗色香味俱全的南蠻雞腿飯配塔塔醬就做好了。

自己會做飯的好處就是，無論何時何地都可以吃上想吃的東西。

鄉村牛肉批

12 月 11 日

小雨　7°C

這幾天風暴 Atiyah 從愛爾蘭吹過來，氣溫驟降，狂風大雨。早上起來，快 8 點了，天還是黑的。下午 3 點半，孩子們放學時就開始天黑了。這樣的鬼天氣，足不出戶是最好的選擇。

坐在火爐旁，任雨點敲打著窗戶。有瓦遮頭，有熱茶在手，這就是莫大的幸福。英國的冬天是難熬抑鬱的，出門必須開車，沒人願意頂著風雨，踩著滿地枯葉，與大自然親近。然而，古時候的英國人是怎麼熬過這麼難過的冬天的呢？他們用什麼食物來慰藉被冷風摧殘的身軀呢？

英國傳統料理——鄉村牛肉批和牧羊人批無疑是冬天的最佳美食。這兩款用馬鈴薯、肉和蔬菜做的批，焗烤後香氣四溢，有肉有菜有主食，在寒冷的冬天吃上一大碟，暖心暖胃。顧名思義，鄉村牛肉批是用牛肉做成，而牧羊人批一般是用羊肉做的。

鄉村牛肉批和牧羊人批起初其實是窮人的食物。十八世紀晚期的英國，住在農村的農民和牧羊人開始用馬鈴薯做主食，他們把吃剩的冷肉切碎，上面鋪上馬鈴薯泥，做成肉批，一直流傳至今。

現在人們生活好了，多用新鮮肉來做肉批的餡料，比起以前的殘羹冷炙，鮮肉批味道更濃郁，營養更豐富。這款料理可以提前製作，再放入冰箱冷藏，想吃的時候拿出來放入焗爐焗烤就好了，非常適合上班族。這也是眾多西餐中，比較適合中國人口味的餐食，尤其適合小孩和老人。

今天的天氣惡劣，最適合宅在家中，做一大鍋牛肉批，放進焗爐低溫慢焗，孩子們放學回來就有熱乎乎的牛肉批吃，寒氣一掃而光。

牛肉批 COTTAGE PIE ビーフパイ 鄉村牛肉批 COTTAGE PIE ビー
批 COTTAGE PIE ビーフパイ 鄉村牛肉批 COTTAGE PIE ビーフパ

鄉村牛肉批

Cottage Pie

份量

- 4 人

材料

- 馬鈴薯：1 千克
- 溫牛奶：125 毫升
- 牛油：30 克
- 牛絞肉：500 克
- 洋蔥：1 個
- 紅蘿蔔：2 個（約 200 克）
- 蒜：2 瓣
- 番茄膏：2 大匙
- 牛肉味濃湯寶：1 粒
- 煮馬鈴薯水：500 毫升
- 芝士碎：少許
- 鮮奶油：少許
- 鹽：少許
- 胡椒粉：少許
- 橄欖油：適量

bookmark

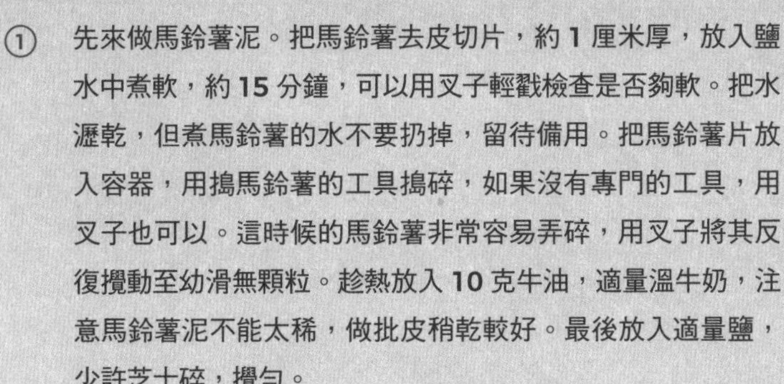

① 先來做馬鈴薯泥。把馬鈴薯去皮切片，約 1 厘米厚，放入鹽水中煮軟，約 15 分鐘，可以用叉子輕戳檢查是否夠軟。把水瀝乾，但煮馬鈴薯的水不要扔掉，留待備用。把馬鈴薯片放入容器，用搗馬鈴薯的工具搗碎，如果沒有專門的工具，用叉子也可以。這時候的馬鈴薯非常容易弄碎，用叉子將其反復攪動至幼滑無顆粒。趁熱放入 10 克牛油，適量溫牛奶，注意馬鈴薯泥不能太稀，做批皮稍乾較好。最後放入適量鹽，少許芝士碎，攪勻。

② 洋蔥、紅蘿蔔切粒、蒜切碎。

③ 肉餡部分，我用鑄鐵鍋煮。這樣可以直接入焗爐焗烤。鍋內加入適量橄欖油、10 克牛油，把洋蔥粒倒入，小火煸炒到透明，再放入 10 克牛油，或加一些橄欖油，倒入其他蔬菜粒，中小火煸炒至柔軟。把蔬菜粒取出，待用。

④ 不用洗鍋，倒入少許橄欖油，把牛絞肉倒入鍋中，翻炒至變色，放入番茄膏，略炒。把蔬菜粒放回鍋中，加一粒濃湯寶，加適量煮馬鈴薯的水。注意水不要太多，因為餡料應該比較稠，但也不能太少，防止乾鍋。水大約與餡料平齊即可。加鹽和胡椒粉調味。加蓋小火慢煮 1 小時。

⑤ 餡料煮軟之後，淋上少許鮮奶油，拌勻。如果發現水太多，開蓋大火收湯。也可以用冷水開少許麵粉，一邊慢慢倒入鍋中，一邊攪拌，這樣可以使餡料濃稠。

⑥ 用一個較平小鏟子把馬鈴薯泥平鋪到餡料上，刮平，用叉子劃出條紋。撒上少許芝士碎。把鑄鐵鍋放入焗爐，不需加蓋，190°C 焗烤 30 分鐘便可。

其實用鄉村牛肉批的餡料來配米飯，做成蓋澆飯也很好吃。今天的配菜是小黃瓜菠菜涼拌木耳。

香辣牛肉醬

12 月 17 日

晴　5°C

今天的天氣晴朗，游泳回來，走過一條幽靜的小路。路兩邊的樹木落盡了樹葉，白色的樹枝伸向藍天，迎著早上的陽光，在寒風中伸展搖曳，閃著微光。間或有幾個碩大的鳥巢在枝椏中裸露出來，這些由枯枝、樹葉和野草構建的巢穴半懸在空中，看起來脆弱不堪，實際上卻堅固得很，經得起風吹雨打。黑白相間的喜鵲在樹枝間跳來跳去，鴿子在草坪上咕咕覓食。萬物在季節輪換中顯示出平和堅強、樂觀向上的本質。我們又有什麼理由因為冬天的來臨而鬱鬱寡歡，心慵意懶呢？

游泳之後，肚子分外地餓。寒冷的冬天，不吃點辣的暖暖胃怎麼行呢？路過超市，買了一磅安格斯牛肉，打算做香辣牛肉醬。我早就不買超市的「老乾媽」之類的辣椒醬了，還是自己做的安全美味，真材實料。

藍天和樹林倒映在雨水中。

小時候，秋天辣椒成熟的時候，媽媽總是買來一大籃紅辣椒，加蒜蓉做成辣椒醬。那時候家裡沒有冰箱，而東北的寒冷冬天已造就了天然的大冰箱。凍豆腐、凍餃子，就放在窗外冷凍。而怕凍又要保鮮的就放在兩層窗戶中間。紅通通的辣椒醬裝進玻璃瓶中，放在窗戶的夾層中，可以保存整個冬天。上滿白霜的窗戶襯托著紅亮的辣椒醬，是漫長冬天的靚麗風景。自製的手工蒜蓉辣椒醬辣中帶些許酸甜，是炸醬麵和打滷麵的絕配。炒馬鈴薯絲、炒白菜也加點辣椒醬，讓平淡無奇的白菜馬鈴薯變身成美味。拌涼菜也舀上一勺，頓時色香味俱全。

自製的香辣牛肉醬濃香過癮，粒粒分明，拌麵、炒飯、夾饃、燉豆腐，或者早上配白粥也好。製作一次，密封後放進冰箱冷藏可以保存數周，真是懶人的不二之選。

牛肉醬 SPICY BEEF PASTE ビーフソース 香辣牛肉醬 SPICY BEEF
香辣牛肉醬 SPICY BEEF PASTE ビーフソース 香辣牛肉醬 SPICY
フソース 香辣牛肉醬 SPICY BEEF PASTE ビーフソース 香辣牛肉醬

香辣牛肉醬

Spicy Beef Paste

份量

- 2 瓶

材料

- 牛肉：300 克
- 薑末：20 克
- 蒜末：20 克
- 蔥粒：30 克
- 辣椒末：30 克
- 豆豉：100 克
- 豆瓣醬：20 克
- 醬油：5 克
- 白芝麻：40 克
- 雞粉：2 克
- 白糖：3 克
- 植物油：150 毫升

① 白芝麻小火炒熟。牛肉切小粒，取一半豆豉切碎。辣椒末的選用也有講究，我一半選用四川乾辣椒，一半選用韓國辣椒末。韓國辣椒末，就是醃製泡菜的辣椒，味道溫和，顏色鮮紅。這種辣椒不太辣，但非常香。

② 鍋燒熱，下油，燒至 **7** 成熱，下牛肉炒至變色。再下蔥薑蒜末，炒香。下切碎的豆豉，豆瓣醬和醬油，炒香。下另一半豆豉、辣椒末，然後倒入先前炒好的白芝麻，快速翻炒，熄火。加白糖和雞粉調味。

③ 趁熱裝瓶，密封，冷卻後入冰箱保存。

晚餐就吃牛肉麵，配香辣牛肉醬和白灼生菜。

滷肉飯

12月19日

小雨　12°C

台灣有二寶，一個是滷肉飯，一個是牛肉麵。當然，寶島台灣的好東西很多，但對我來說，這二寶是寶中之寶。牛肉麵，就不說了，走在台北的大街上，隨便走進一間飯館的牛肉麵都好吃。但是我不喜歡吃飯館的滷肉飯，因為覺得太肥，而且肉少，汁多。之所以把滷肉飯和牛肉麵並列，評為台灣二寶，是賞識滷肉飯的概念和簡單的烹飪方式。

紅燒肉好吃，但只有能吃大塊肥肉的人才能享受，而且要燒糖彩，做起來頗為講究，要掌握其中的技巧才能做得好。而滷肉飯就不同了，製作不須燒糖彩，也免焯水，做起來容易很多。

在香港的時候，有一位上海朋友教我做紅燒肉的時候放幾片鮮魷魚，再煮幾個雞蛋扔進去，這樣的紅燒肉有了鮮魷的味道，馬上就不同了，一下子告別了肥膩，變得輕盈。好像女孩子一年 365 天的披肩直髮，忽然有一天別上一個髮夾，整個人看起來年輕了好幾歲。而那幾個白水煮蛋，吸收了紅燒肉和鮮魷的精華湯汁，更是脫胎換骨，變成了滋味豐富的滷蛋。

把這一招用在滷肉飯上，再合適不過。如果碰巧家裡有雞腿菇，切粒放進去一起煮，這一餐就有菜、有肉、有蛋，再配上粒粒晶瑩的東北大米，還有何求呢？

這樣的滷肉飯就是上乘的滷肉飯。所謂上乘的滷肉飯，是每一粒五花肉都有皮、有瘦、有肥，滷好的肉顫巍巍地包裹在油亮的琥珀色湯汁中。而這醬汁已經熬出膠質，吃完嘴巴粘粘的，估計還具有良好的美容功效。另外，滷肉飯的米飯也要講究，大米需粒粒分明，飽滿，有彈性，熱氣騰騰。至於吸飽醬汁的雞蛋和雞腿菇則是畫龍點睛的一筆，讓你欲罷不能，黯然銷魂。

飯 BRAISED PORK ON RICE ルーローファン 滷肉飯 BRAISE
ローファン 滷肉飯 BRAISED PORK ON RICE ルーローファン 滷肉飯
K ON RICE

滷肉飯

Braised Pork on Rice

份量

- 4 人

材料

- 帶皮五花肉：500 克
- 鮮魷魚：100 克
- 紅蔥頭：4 粒
- 朝天椒：1 個
- 生薑：8 克
- 八角：2 個
- 料酒：50 毫升
- 冰糖：30 克
- 醬油：50 毫升
- 蠔油：2 大匙
- 水煮蛋：4 個
- 雞腿菇：2 個

① 五花肉切成小粒，最好每一粒上都有皮。鮮魷魚切粒，紅蔥頭切粒。鑄鐵鍋放適量油，把紅蔥頭、朝天椒、生薑和八角小火炒香，出鍋待用。

② 把五花肉放入平底鍋中火翻炒至出油。這一步驟很重要，要有耐心，慢慢炒，直到五花肉的油分釋出，肉粒變成金黃色，下冰糖，繼續炒。這一步便是上糖彩，看到五花肉顏色變深，有的部分開始變得焦黃，就差不多了。

③ 放醬油、蠔油、炒香配料，料酒和水。水可以多一點，至少要沒過肉。這個做法中，五花肉不需要焯水，因為肉切成小粒狀，焯水會煮掉肉味。如果有浮沫，可以撇去。加蓋，小火燜煮，約 **20** 分鐘。

④ 這時開始煮雞蛋。雞蛋以冷水下鍋，大約煮 **14** 分鐘就全熟了。煮好的雞蛋放入冷水降溫後，剝殼。用刀在雞蛋上縱向開 **4** 個口，這樣容易入味。雞腿菇切成小方粒，把雞蛋和雞腿菇放入肉中，加蓋繼續燉 **20** 分鐘左右，湯汁開始粘稠、紅亮，肉爛即可。沒有雞腿菇，也不要緊，可以白灼蔬菜作為配菜。

滷肉飯最好配上好的東北大米，盛一勺琥珀色的滷肉澆在熱騰騰、晶瑩飽滿的米飯上，趁熱攪拌，撈一個滷蛋切開兩半放在飯上。這就是一碗夫復何求的黯然銷魂滷肉飯。

胡椒炸雞翼

12 月 24 日

平安夜　陰有時晴　11°C

今年的冬天很暖，天氣預報早就預告今年英國不會有「白色聖誕」。一年 11 個月都在閣樓度過的聖誕樹，終於又在客廳閃亮了，門廊裝上大姐寄來的旋轉霓虹燈，家裡立刻就有了聖誕氣氛。

白天帶孩子們去看了爺爺奶奶，也在唐人街喝了早茶。美味軒是唐人街出了名好吃的中國餐館。這裡的廣式點心很有水準，比大多數香港茶樓的還好吃，燒鴨尤其滋味。白天那一頓吃得很飽，晚上就打算簡單點，弄點下酒小菜，邊吃邊看電影，度過一個輕鬆的平安夜。

若干年前，我還在香港時，便已愛上《深夜食堂》漫畫，還看完了一整套。《深夜食堂》發生的那些故事妙趣橫生，但最吸引我的還是裡面介紹的日本居酒屋美食。每看完一個故事，我都有煮食的衝動，經常會按照書中寫的煮來吃。其中，雞蛋燒、炸紅香腸、雞蛋三文治、豬扒飯等都成了我家的常餐。漫畫中的人物下班後一邊喝著小酒，一邊吃著自己鍾情的食物，卸下一天的疲憊，有的互相談論著奇聞趣事，有的則獨自品味憂愁。人間諸事有悲有喜，恰似食物的酸甜苦辣。後來，《深夜食堂》被改編成電視劇，片頭曲《回憶》令人印象深刻，鈴木常吉撥弄著木吉他，蒼老的男低音迴蕩在寂靜的深夜，加上小林薰的開場白，讓人覺得無論白天發生了什麼，這深夜時分的世界都是美好的。

一年 365 日，無論是開心還是不開心，日子都要照樣過。烹飪是良好的減壓活動，我喜歡烹煮自己喜歡的食物來調節心情，廚房裡的忙碌使我體會到生活的真實，美味佳餚則給我帶來充實與平和的感覺。與其說我喜歡吃東西，不如說我喜歡看別人吃我做的東西。

平安夜，不如就做日本居酒屋風味的胡椒炸雞翼，難得聖誕，吃一餐油炸食品也無妨。今天做的這一道炸雞翼，是雞翼裹上澱粉炸過之後再塗上醬汁，撒上鹽、胡椒與白芝麻，是絕佳的下酒菜。炸好的雞翼，口感酥脆，微辣又有甜甜的回味，日式風味十足，讓人欲罷不能。這道菜與日本最出名的炸雞料理「南蠻雞」很相似，但這款雞翼只是塗上醬料，並不在醬料中浸泡，所以口感還是很酥脆，咬起來「咔嚓」有聲。

椒炸雞翼 IZAKAYA STYLE DEEP FRIED CHICKEN WINGS 手羽先
げ 胡椒炸雞翼 IZAKAYA STYLE DEEP FRIED CHICKEN WINGS 手

胡椒炸雞翼

Izakaya Style Deep Fried Chicken Wings

份量

- 2 人

材料

- 雞中翼：12 隻
- 生粉：適量
- 清酒：3 大匙
- 味醂：2 大匙
- 醬油：3 大匙
- 砂糖：1 大匙
- 蒜泥：1/2 茶匙
- 薑泥：1/2 茶匙
- 白芝麻：少許
- 胡椒粉：適量

① 雞中翼最好選用比較小的，如果雞翼要油炸，最好不要醃漬，因為醃漬過的雞翼容易炸焦。所以，調味主要靠炸好之後塗上的醬汁，較小的雞翼比較容易入味。

雞翼沖洗乾淨後用廚房紙吸乾水分。取一個保鮮袋，把雞翼裝進去，再裝入適量的生粉，用手隔袋輕輕揉搓，讓雞翼均勻地裹上生粉。

② 清酒、味醂、砂糖、薑泥和蒜泥混合成醬汁。

③ 鍋中倒入適量的油，最好能沒過雞翼，油熱，開始炸雞翼。可以分開幾次炸，每次不要炸太多，以防油溫過低。雞翼炸到淡黃色，取出放在吸油紙上。這時的雞翼可能還未全熟，但它們還會慢慢自熟。第一次炸完後，等油熱，再炸第二次，令雞翼更脆。炸至金黃色，取出放在鋼絲架上。

④ 用刷子沾醬料均勻地塗在每一個雞翼上，翻面再塗另一面。然後撒上胡椒粉和白芝麻即成。居酒屋裡的這道料理一般會灑很多胡椒粉，如果喜歡辣的當然可以照做，不過撒胡椒粉的過程可能會不小心吸入粉末，當心打噴嚏哦。不喜歡辣的，就少灑些。

⑤ 裝盤可以配生菜沙律，趁熱食用。

聖誕樹的燈飾一閃一閃的，這個平安夜有美酒，有炸雞，不管之前的 300 多個日日夜夜過得怎麼樣，起碼這一刻是完美的。

黑森林蛋糕

---

12 月 25 日

聖誕　陰有時晴　6°C

愛上一個人不需要理由，想瞭解你所愛上的那個人更不需要理由。愛上他 / 她，會想方設法接近他 / 她，哪怕自己知道這段感情不會有結果，哪怕你知道對方早有了家室。昨天晚上看了一部叫做《我的蛋糕師情人》（*The Cakemaker*）的電影，講述的是這世間常見的愛情課題。柏林年輕的蛋糕師湯瑪斯與從耶路撒冷來柏林出差的帥氣熟男歐倫因黑森林蛋糕結緣，並成為一對同性戀人。歐倫在家鄉有妻小，只有每月到柏林出差時才能與湯瑪斯相聚。

有一天，湯瑪斯驚聞歐倫在家鄉意外身亡的消息，深受打擊，他隻身來到歐倫的家鄉耶路撒冷，想深入瞭解歐倫的生活。他隱瞞身份，在歐倫遺孀安娜開的咖啡廳打工，他做的糕點大受顧客歡迎，使默默無聞的小店變身成為遠近聞名的名店。歐倫和安娜都很喜歡湯瑪斯做的黑森林蛋糕。美味的蛋糕不僅撫平了湯瑪斯與安娜的悲傷，更拉近了兩人的心，直到安娜發現了湯瑪斯的真實身份。影片結束在柏林湯瑪斯的咖啡店門外，來到柏林的安娜看到湯瑪斯騎車遠去的背影，欲言又止，然後又像是想起來什麼似的笑了。影片中美味的黑森林蛋糕，和安娜與湯瑪斯兩人對愛情的投入和付出，成就了一部溫柔、觸動人心，而且甜得恰到好處的電影。而我徹底被電影中的黑森林蛋糕俘虜了，今天一早起來，就迫不及待地開始做黑森林蛋糕。

黑森林蛋糕，又稱黑森林櫻桃奶油蛋糕，來自德國，並已成為全世界最受歡迎的蛋糕之一。蛋糕的主要成分是朱古力海綿蛋糕、鮮奶油、櫻桃酒、櫻桃和朱古力碎。黑森林是德國南部的一處盛產黑櫻桃的旅遊勝地。當地人把黑櫻桃夾在奶油朱古力蛋糕中，製成黑森林蛋糕。另外一種說法則認為，黑色的朱古力碎讓人聯想到黑色的森林。

完美的黑森林蛋糕經得起各種口味的挑剔，蛋糕口感綿密，濃郁的朱古力巧妙地融合了櫻桃的酸、奶油的甜和櫻桃酒的醇香，而甜蜜之後的一絲可可的微苦則是精妙之所在。有人甚至說黑森林蛋糕的味道很有哲理，的確如此，人生不就是這種甜苦交融的味道嗎？

電影裡的蛋糕師湯瑪斯夜晚獨自一人在燈光下製作糕點的鏡頭，讓人難以忘懷。孤獨而專注的他，把手掌的溫度灌注到麵糰中，那一刻，他不再孤獨；那一刻，他的生命圓滿。「家人很重要，他們讓你不再孤單」，電影中一句普普通通的台詞，就像美味的黑森林蛋糕一樣，慰藉人的心靈。湯瑪斯從德國到耶路撒冷，安娜從耶路撒冷到德國，他們尋找愛、尋找家人，想不再孤單。

林蛋糕 BLACK FOREST CAKE ブラックフォレストケーキ 黑森林
CAKE ブラックフォレストケーキ 黑森林蛋糕 BLACK

黑森林蛋糕

Black Forest Cake

份量

- **8 英寸蛋糕**

材料

朱古力海綿蛋糕：

- **雞蛋：5 個**
- **白醋：1 茶匙**
- **白砂糖：100 克**
- **自發粉：90 克**
- **朱古力粉：30 克**
- **鹽：1/2 茶匙**
- **油：20 毫升**
- **牛奶：30 毫升**
- **香草精：1 茶匙**

奶油糖霜：

- **馬斯卡彭芝士：250 克**
- **糖粉：50 克**
- **濃奶油：500 毫升**

- **黑朱古力：50 克**

---

① 海綿蛋糕採用分蛋法。蛋清與蛋黃分開，注意蛋清裡不要混進蛋黃，裝蛋清的容器要無水無油。這個食譜中已經減糖了，糖在海綿蛋糕中的作用很大，能夠支撐起泡，使得蛋糕鬆軟。所以食譜中的糖量不能再減了。

焗爐預熱至 **150°C**。

② 蛋清裡放入醋，用電動打蛋器中速打到粗大的魚眼泡，放入 **1/3** 糖，高速攪打到泡沫變得細小綿密，整體發白。提起打蛋頭，蛋霜不會掛在打蛋頭上，再加入 **1/3** 的糖，打至蛋白泡更加細膩、略微有紋路出現時，加入剩下的 **1/3** 糖，繼續攪打。醋能夠增加蛋白的穩定性，防止消泡。沒有白醋，用檸檬汁也可以。

等到蛋白霜變得堅挺，紋路越來越清晰時，關閉打蛋器，慢慢提起打蛋頭，如果打蛋頭上的蛋白霜呈現出大彎鈎的狀態，就好了。打發蛋白時，如果天氣太冷，可以把容器放在溫水盆裡，蛋白溫度高一點比較容易打發。需要注意的是，打發時需要一邊逆時針轉盆，一邊順時針畫圈移動打蛋器，打蛋頭需要一直接觸到盆邊和盆底，否則邊上和底部的蛋白就會打發不足。另外，也要注意不要打發過度。打發蛋白是需要練習的，多做幾次就能掌握。

③ 在蛋白霜中加入蛋黃，輕輕攪拌均勻。用篩子把麵粉和朱古力粉分三次篩入，加鹽。海綿蛋糕除了蛋白霜的打發之外，攪拌手法也是成敗的關鍵。我採用的翻拌手法，是先用刮刀向盆中心插入麵糊底部，然後向 8 點鐘的方向刮去直到碰到盆壁，順勢舀起麵糊提到空中，然後再將麵糊移回盆中心放下，左手握住盆邊從 9 點鐘方向轉到 7 點鐘方向，旋轉了 60 度，就完成了一次迴圈，大約 1 秒鐘兩下。翻拌到麵糊完全混合均勻為止，如果有蛋白結塊，可以用刮刀將它切開再攪拌。

④ 取一小容器，放入牛奶，油和香草精，放入一小塊麵糊，攪拌均勻，然後倒入主盆麵糊中攪拌均勻。

⑤ 把麵糊倒入 8 英寸蛋糕模中。入焗爐，以 150°C 焗製 35 分鐘，再以 170°C 焗 3 分鐘。

⑥ 焗蛋糕的時候，準備夾心和裝飾的奶油。我用馬斯卡彭芝士和濃奶油，如果沒有馬斯卡彭，可以用軟芝士，或者只用濃奶油也可以。芝士和糖粉用打蛋器中速打 2 分鐘，加入濃奶油慢速打至不流動狀。

DECEMBER Recipe 08 WINTER

⑦ 焗好的蛋糕放在鋼絲架子上冷卻，蓋上一塊布防止變乾。把蛋糕水平地切成 3 片。要想切得平均，可以在麵包刀兩頭夾上定高夾，固定刀子的高度。這種夾子可以在網上買，很便宜。

⑧ 黑朱古力用小刀慢慢刮成碎屑，待用。這需要一點時間和耐心。如果是在夏天，可事先把朱古力放進冰箱冷藏 1 小時再刮。刮的時候，可以用一小塊紙巾墊著拿朱古力，防止手的溫度融化朱古力。

⑨ 把奶油塗在一片蛋糕上，然後蓋上一片蛋糕，再塗奶油，如此這般，把整個蛋糕裡外都塗滿奶油，用裝飾刀刮平。

把奶油裝進裱花袋，選擇自己喜愛的花頭，在蛋糕表面擠上奶油花。然後把朱古力碎沾滿蛋糕側壁。如果不想用裱花袋，可以直接在蛋糕上面撒朱古力碎，更簡單。

⑩ 蛋糕放入冰箱冷藏最少 3 小時。如果能夠耐得住，最好冷藏過夜，第二天吃味道更好。第三天吃味道比第二天還好，前提是蛋糕能留到第三天，通常早就一掃而光了。

五香牛肉薄餅

---

12 月 28 日

晴　9°C

早上，向窗外望去，所有的東西都蒙上了薄薄的一層白色，是略帶透明的白色。不是下雪，而是結霜了。院子裡的長青植物被冰霜包裹起來，閃著晶瑩微綠的光，草地踩上去「咔咔」作響。冬天終於來了，但她不忍心扼殺，於是把那抹翠綠瞬間封存。

冰箱裡還有昨天做麵包剩下的一個麵糰，做薄餅正合適。我自從開始焗手工麵包後，每次揉麵都會準備兩個麵糰，一個焗麵包，一個焗薄餅。麵糰在冰箱可以保存好幾天，想吃的時候拿出來再發酵就可以了。

因為不是要做成麵包，而是要做薄餅底，所以再發酵的過程長一些也沒關係，即使過度發酵也不怕有塌陷的問題，反而會積累更豐富的味道。天氣冷，上午從冰箱拿出來，五六個小時之後，麵糰才漲大，表面鼓起了好幾個大泡，發酵充足，薄餅的味道令人期待。

薄餅被歸類為「垃圾食品」，這估計與不健康的餡料有關。自家製的薄餅，保持餡料簡單，用上好的芝士，非但不垃圾，反而很健康。在意大利，餅皮薄的番茄芝士薄餅最普遍。這種薄餅底脆，茄汁酸甜適度，全脂莫扎瑞拉芝士味道濃郁。別看一塊簡單的薄餅，要做好，還真不容易。好吃的薄餅有四大要素，缺一不可。

首先是麵餅，要做到麥香濃，還得有點嚼頭。其次，是茄汁，要想酸甜適度，最好用意大利罐裝去皮李子番茄。這種番茄呈橢圓形，味道酸甜適中。把番茄放入攪拌機，攪動一兩秒鐘，幾乎就是響一聲，簡單美味的茄汁就做成了，千萬不要攪得太碎，否則水分會釋出。然後，就是芝士。如果要吃薄餅就不要糾結脂肪含量，一定要用全脂莫扎瑞拉芝士，這樣不但會有完美的拉絲效果，而且口味是最好的。

最後一個元素與食材沒關係，但卻是最重要的，就是適當的焗盤。如果用一般的焗盤，焗出來的薄餅位於中間的麵餅會濕濕的，有可能還不熟，而餡料卻可能已被焗焦。有一種薄餅石盤，要先在焗爐高溫預熱，使石盤儲存足夠的熱度，然後把薄餅放上去，這還需要很有技巧。如果你是完美薄餅的追求者，可以考慮專門買一個來用。另外一種辦法是用鑄鐵平底鍋來焗薄餅，直接在平底鍋裡攤平麵餅，鋪餡料，然後連鍋一起入焗爐焗，這種方法簡單實用，而且平底鍋除了焗薄餅外，還有許多別的用處。我用的是一種新式焗盤，底部有很多小圓孔的，可以焗薄餅、薯條，非常好用。

香牛肉薄餅 FIVE-SPICE BEEF PIZZA 牛肉ピザ 五香牛肉薄餅 FIVE-SP
ZZA 牛肉ピザ 五香牛肉薄餅 FIVE-SPICE BEEF PIZZA 牛肉ピザ 五香

五香牛肉薄餅

Five-Spice Beef Pizza

份量

- **2 個，直徑 23 厘米**

材料

- **已發酵麵糰：500 克**
- **罐裝去皮番茄：300 克**
- **全脂莫扎瑞拉芝士碎：250 克**
- **牛肉碎：200 克**
- **五香粉：少許**
- **鹽：少許**
- **辣椒粉：少許**
- **生粉：少許**
- **奧勒岡草粉：少許**
- **橄欖油：少許**

材料

- **直徑：500 克**

模具

- **直徑 23 厘米有漏孔圓形淺焗盤**

① 焗爐預熱至 **260°C**，或者至焗爐的最高溫度。

② 先做茄汁，去皮番茄入攪拌機攪拌 **1** 秒鐘，呈稠狀，保留一些小塊，千萬不要過度打碎。自己做的茄汁口感會比較清新。

③ 牛肉碎放鹽、五香粉、辣椒粉攪拌均勻（按自己的口味，可以適當多放一些五香粉），放少許生粉攪拌。如果太乾，可以放一點點水。然後淋少許橄欖油，拌勻。平底鍋下橄欖油，油熱，放入牛肉餡。翻炒至變色，放涼待用。

④ 麵糰分成兩個，每個 **250** 克。這是薄底薄餅，如果你想要厚底的，恐怕要用 **350** 克麵糰。焗盤刷上少許油，把麵糰放進焗盤，用手按扁。然後慢慢均勻地伸展麵餅，直到鋪滿焗盤。

⑤ 把茄汁均勻地塗抹在麵餅上。薄薄地撒上一層五香牛肉碎。再撒上奧勒岡草粉，這樣的薄餅就真的非常「意大利」，如果沒有也沒關係。最後撒上莫扎瑞拉芝士碎。把焗盤放入焗爐中間層，以最高火焗 **15** 至 **20** 分鐘。每隔 **5** 分鐘，看看薄餅表面的變化，防止表面焗焦。如果是厚底的，需要更長時間的焗烤。如果表面焗得火大，那麼可以把薄餅轉至焗爐下層繼續焗。

⑥ 出鍋的薄餅轉移到木板或平盤切割。配菜可以選用生菜沙律，或者白灼西蘭花。

朱古力草莓蛋糕

12 月 31 日
晴　8°C

又是年末最後一天，跨年總是悲喜交加。雖然歎息時光荏苒，人終將老去，但是感謝自己不斷成長，總是有夢想，有生存下去的理由。

前幾天看兒子訂閱的科學雜誌，有一篇報導分析了兩種人——盲目樂觀的人和悲觀主義的人。盲目樂觀的人對要做的事充滿期望，藐視一切艱難險阻，認定自己最終能成功。而悲觀主義的人總是做最壞準備，設想種種可能遇到的困難，降低自己的期望。研究結果顯示，悲觀主義者較樂觀主義者更能達成自己的目標，更成功。樂觀派對未來估計不足，容易放棄自己的目標。我是一個徹頭徹尾的樂觀派。所以，我總是有想法，一會想幹這個，一會想學那個，但能最後堅持下來的不多。然而，我願意這樣盲目樂觀下去，希望當我 70 歲時，還能每天一早爬起來，對新的一天充滿期待。

今天，看了湯・漢斯的新電影《在晴朗的一天出發》（*A Beautiful Day in the Neighborhood*）。片中的羅傑斯是美國著名兒童節目《羅傑斯先生的鄰居》的創始人、主持人。他熱情、溫暖、治癒、正能量滿滿地陪伴了幾代兒童觀眾。每一天節目結束前，他總是說：「你讓今天變得特別，因為你是你。這世間上沒人與你相同，我喜歡這個樣子的你。」這是我們每天應該對孩子們說的話。我們愛孩子不是因為他們將會成為什麼樣的人，而是因為愛他們原本的樣子，愛他們的現在。

跨年最好與家人分享美味的蛋糕。草莓和朱古力原本就很配，用草莓和藍莓做朱古力蛋糕的裝飾，給濃郁的蛋糕帶來一抹清新和嫵媚。切一塊，向著陽光，看夾層中的草莓，半透明的紅色，閃著光。午夜時分，當外面煙火絢爛，炮聲隆隆的時候，圍坐火爐前，與蛋糕和美酒相伴，共同期待新年。

力草莓蛋糕 CHOCOLATE STRAWBERRY CAKE チョコイチゴケー
莓蛋糕 CHOCOLATE STRAWBERRY CAKE チョコイチゴケーキ

朱古力草莓蛋糕

Chocolate Strawberry Cake

份量

• **6 英寸**

材料

海綿蛋糕：

• **雞蛋：3 個**
• **砂糖：80 克**
• **自發粉：85 克**
• **可可粉：8 克**
• **牛油：30 克**

糖水：

• **砂糖：30 克**
• **水：30 毫升**

朱古力奶油糖霜：

• **黑朱古力：80 克**
• **鮮濃奶油：80 克**

裝飾：

• **鮮濃奶油 300 克**
• **小草莓：10-13 個**
• **藍莓：若干**
• **糖粉：少許**

① 焗爐預熱至 **170°C**。

② 這次朱古力蛋糕的海綿蛋糕用全蛋法製作。比起分蛋法，全蛋法更容易，更節約時間。

把裝有雞蛋和砂糖的容器放進一個 **50°C** 的熱水盆裡，使雞蛋溫度升高到大約 **35°C**，這樣比較容易打發。打蛋器快速把蛋攪打到顏色變白，泡沫細膩。中速繼續攪打到出現紋路，拎起打蛋頭，蛋糊緩慢滴下，與盆裡的蛋糊不會馬上融合，就好了。海綿蛋糕蓬鬆的關鍵在於材料的平衡與否，即乾濕平衡、強弱平和。蛋白發泡，形成一定硬度的泡沫結構，支撐蛋糕。糖在海綿蛋糕中的地位非常重要，通常用量與麵粉量接近。如果糖量下降到麵粉量的 **70%** 以下時，將明顯影響蛋糕的蓬鬆度、體積和滋潤度。在海綿蛋糕的傳統食譜中，雞蛋、糖和麵粉的比例為 **1:1:1** 。

③ 分三次篩入自發粉和可可粉，用刮刀以翻拌的方法攪拌均勻。牛油隔水加熱至

融化，取少量麵糊與牛油攪拌均勻，再倒入主麵糊中，這樣容易攪拌均勻。

④ 蛋糕模用烘焙紙墊好，倒入麵糊。以 **170°C** 焗 **15** 分鐘，讓蛋糕膨脹，再用 **140°C** 焗 **15** 分鐘，使其定型，以免塌陷。焗好的蛋糕脫模後，放在鋼絲架上冷卻，用一塊紗布蓋上，防止變乾。

⑤ 朱古力切碎，放進微波爐加熱至融化，稍微冷卻一下，再與 **80** 克奶油混合，拌勻。要注意的是朱古力溫度不能太高，否則會導致奶油的油水分離。然後把朱古力奶油倒入 **300** 克鮮濃奶油中，用打蛋器打至粘稠的膏狀。

⑥ 糖水準備好。蛋糕涼透了，從中間水平切開成兩片。用小刷子沾糖水，均勻刷在蛋糕切開面。

⑦ 把 **5** 個草莓縱向切成稍厚的片狀，另外 **5** 個縱向切成兩半。

⑧ 在一片蛋糕上塗抹朱古力奶油，可以塗厚些，然後把草莓片尖端向中間，擺一圈，確定草莓片嵌入奶油中。蓋上另外一片蛋糕，繼續塗上奶油。側面塗抹奶油後用抹刀輕按，形成縱向裝飾花紋。

⑨ 剩下的奶油用打蛋器繼續打到稍硬，用來做奶油花。如果這時候奶油的溫度有些高了，可以放進裱花袋後，冷藏 **1** 小時後再裱花。選自己喜歡的花頭，在蛋糕上擠上奶油花。

這時，經常會發生奶油花分佈不均勻的情況，可以事先在蛋糕上做記號，平均分配奶油花的位置。在蛋糕外圈裝飾好一圈奶油花後，就開始放置草莓了，把切半的草莓一個搭一個，圍成一圈。然後在中間再放置 **3** 顆草莓。最後用藍莓做點綴。撒上薄薄一層糖粉。

精緻的朱古力草莓蛋糕就做好了。切開，看看裡面的草莓，晶瑩透亮，咬一口，朱古力的醇香，配草莓的清甜，回味無窮。

U

R

Y

羅馬傳說中有一位名叫雅努斯（Janus）的守護神，生來有兩張臉，一張回顧過去，一張展望未來。這位天宮的守門人，會在每天早晨把天宮的門打開，讓陽光照耀大地；晚上把門關上，讓夜幕降臨。古羅馬人認為雅努斯象徵著一切事物的善始善終。新年伊始，古羅馬人會互贈刻有雅努斯頭像的錢幣，以示祝願。於是就用他的拉丁文名字 January 作為第 1 個月月名，有除舊迎新的意義。

1 月的英國最冷，但是英格蘭地區並不是年年有雪，最近幾年的冬天是暖冬。英國的冬天夜很長，白天短，圍爐夜話倒也愜意。

1 月 1 日：元旦

咖喱牛肉可樂餅

1 月 2 日

陰有時晴　11°C

現在學校還在放聖誕和新年的假期，早上的社區靜悄悄的，8 點鐘天才開始亮，我算是頂著月光去游泳健身了。雖然冬天天亮得很晚，我還是喜歡早起，10 點鐘之前就吃完早餐，運動歸來。這時太陽已經出來，整個世界又開始充滿活力。孩子們還在睡懶覺，我就開始準備早午餐。

原來在香港的時候，我們很喜歡吃吉之島的炸可樂餅。接孩子放學後路過，經常會每人買一兩個趁熱吃。可樂餅其實是西方食品，西方人會把雞肉和魚排包裹麵包糠油炸，這類食品在超市裡佔一個大類別。但是我們喜歡吃的這種可樂餅是日本人發

靜悄悄的黎明。

揚光大的。「可樂」二字來自法語「Croquette」，日語讀音為「Korokke」，音似「可樂」，所以叫「可樂餅」。日本改良可樂餅是用馬鈴薯泥，加入洋蔥和肉末，捏成橢圓形，裹上麵包糠，油炸而成。

可樂餅的核心食材是馬鈴薯。馬鈴薯營養豐富，熱量低於精製穀類糧食，含有豐富的微量元素和維生素，老少皆宜。有些朋友怕胖不吃澱粉，但其實類似馬鈴薯、紅薯和芋頭這類澱粉類食品沒有經過精加工，升糖指數較低，比白米白麵健康很多。當然，今天既然吃油炸可樂餅，就暫且不減肥吧。

可樂餅中的肉類，我今天選用牛肉，換成豬肉和雞肉當然也可以。另外，喜歡海鮮的還可以加入魷魚和鮮蝦等。炸好的可樂餅趁熱享用，外酥裡嫩，配爽口的高麗菜沙律，小孩最喜歡。

牛肉可樂餅 CURRY BEEF CROQUETTE カレービーフコロッケ 咖喱
RRY BEEF CROQUETTE カレービーフコロッケ 咖喱牛肉可樂餅 CU

咖喱牛肉可樂餅

Curry Beef Croquette

份量

- 4 人

材料

- 馬鈴薯：4 個（共 700 克）
- 洋蔥：1 個（中型）
- 牛絞肉：300 克
- 鹽：適量
- 黑胡椒粉：適量
- 咖喱粉：適量
- 澱粉：少許

- 高筋麵粉：1 碗
- 雞蛋：1 個
- 麵包糠：1 碗

- 油：適量
- 茄汁：適量

① 馬鈴薯去皮，切片蒸熟。用叉子大致搗碎，也不需要太碎，有些小塊口感更好。洋蔥切小粒。牛肉加少許水、澱粉，拌勻。平底鍋放入少量油，洋蔥炒至透明取出。再放入少許油，炒牛肉至變色後把洋蔥加入翻炒幾下，倒入馬鈴薯泥中，拌勻。加鹽和黑胡椒粉調味和適當的咖喱粉。不喜歡咖喱的，可以不加，原味就很好吃。

② 取 3 個平底盤子，分別放上麵粉、打散的雞蛋和麵包糠。這一個步驟要有條不紊的，否則你的枱面會很亂，廚房變成戰場。首先要注意，濕的材料要用工具處理，乾的材料用手。就是裹雞蛋液的時候不要用手，否則手會變得粘乎乎，沾上很多麵粉和麵包糠。

用手把加了材料的馬鈴薯泥捏成橢圓形，不要太大，容易處理。先粘乾麵粉，拍掉多餘的麵粉，這樣麵衣才不容易掉。然後用一個小鏟子幫忙沾雞蛋液，最後就是裹上麵包糠了，可以用手操作，最後再整理一下形狀。取一個大盤子，把裹好麵包糠的可樂餅排在盤中。

③ 取一個深鍋，倒入足夠多的油，起碼能沒過可樂餅，因為麵包糠很吸油，所以油要多一些。大約油溫 170°C 就可以下鍋炸。一次不要炸太多，免得油溫下降。炸一會，翻面再炸，兩面金黃就可以了。因為本身材料就是熟的，所以只要表皮炸得酥脆就可以了。炸好的可樂餅放在鋼絲架上，趁熱享用。

④ 高麗菜切成細絲用冰水浸泡一下，瀝乾水分，淋上蛋黃醬做成配菜。再來兩杯冷牛奶。一小碟茄汁。這樣美味可口的牛肉可樂餅早午餐就好了。

栗子南瓜煙肉意大利粉

1月7日

小雨　16°C

11月儲存了幾個日本栗子南瓜，其中有兩個是院子裡摘的，小小的，圓溜溜的，墨綠色的南瓜頭，可愛至極。在萬聖節的時候，英國超市裡有各種各樣的南瓜，除了那種用來做南瓜燈的橙色大南瓜，和常年都有供應的奶油南瓜外，還有多個品種的小南瓜。它們被裝在一個大籃子中售賣，這種日本栗子南瓜也混跡其中。我一般會挑幾個買來儲存，留到冬天再吃。過了萬聖節，這些小南瓜就絕跡了，要買要等到第二年的10月份。

栗子南瓜最好用來炸天婦羅，麵衣酥脆輕薄，南瓜軟糯綿甜。栗子南瓜的皮很好吃，也容易熟，可以蒸來吃，也可以切厚片並用平底鍋煎，或者與馬鈴薯一起燉著吃，無論如何都是平凡的珍饈美味。

今天打算用栗子南瓜做意大利粉的醬汁，食譜來自日本美食作家 Masa（山下勝）。

做意大利粉就要用到煙肉，在英國超市裡，煙肉佔據著冰鮮冷櫃的顯眼位置，是一個「大家族」；肥瘦相間的、偏瘦的、煙熏的、原味的、風乾的，還有意大利原產的等等，總有一款適合你。我選擇了肥瘦相間的五花煙肉，小火慢慢煎香，油脂煎出來之後，煙肉會變得乾燥，脆口，嚼起來很香。鍋裡的油不要倒掉，用來炒洋蔥和蘑菇等配料風味絕佳。食譜中還包括鮮奶油和巴馬臣芝士，用來製作意大利粉的南瓜汁。其實這種南瓜醬汁與奶醬很相似，但用南瓜代替了大部分牛油與麵粉，更健康。

裹滿金黃色南瓜汁的意大利粉，撒上脆煙肉碎，再撒點巴馬臣芝士，用叉子捲一下放入口中。請閉上眼睛，用心品味。南瓜汁融合了南瓜的鮮甜、蘑菇的山野氣息和濃郁的奶香，風味十足，讓人一試難忘。咀嚼起來，彈性十足的意大利粉、酥脆鹹香的煙肉和柔軟的蘑菇，多層次的口感，沒有讓人不愛的理由。

子南瓜煙肉意大利粉 SPAGHETTI WITH KABOCHA AND BACON 栗
ベーコンのパスタ 栗子南瓜煙肉意大利粉 SPAGHETTI WITH KABC

栗子南瓜煙肉意大利粉

Spaghetti with Kabocha and Bacon

份量

- 2 人

材料

- 意大利粉：200 克
- 栗子南瓜：300 克
- 洋蔥：半個
- 鴻禧菇：100 克
- 煙肉：4 片
- 牛奶：200 毫升
- 鮮奶油：100 毫升
- 鹽：適量
- 黑胡椒碎：適量
- 巴馬臣芝士碎：少許

① 南瓜去皮，切大片，隔水蒸熟。其實栗子南瓜的皮是好吃的，但如果加入綠色的皮做成醬汁的話，就會影響醬汁的顏色。去皮的南瓜製成的醬汁是金黃色的，很漂亮。

② 煙肉切成小塊，下鍋小火煎出油，不時的翻動，使其均勻受熱，煙肉會縮小，變硬，顏色變深，就好了。煙肉出鍋，待用。南瓜熟了放入大碗，用叉子攪碎，待用。

③ 深鍋裡裝入冷水，按照鹽與水的比例為 6：100 的份量加入鹽，煮沸，放入意大利粉煮約 8 分鐘後，用冷水沖洗，待用。

④ 用剛才煎煙肉的鍋炒洋蔥，洋蔥炒香，變成透明後加入鴻禧菇翻炒。然後加入南瓜泥、牛奶和奶油攪拌均勻，再加少許鹽和黑胡椒調味，並利用牛奶調節醬汁的濃稠度。小火煮開，放入意大利粉和一半份量的煙肉，讓意大利粉充分吸收醬汁。

⑤ 裝碟，撒上剩下的煙肉、巴馬臣芝士碎、少許黑胡椒碎。趁熱享用。

焗鍋雞扒意大利米麵配沙律

WINTER / JANUARY
Diary 13

1月9日
晴　7°C

Pasta 是意大利語，即是意大利麵食的意思，其實就是各種形狀的意大利粉。每一種形狀的意大利粉都另外有專門的名字。長條形的意大利粉中的細麵（Spaghetti）和中國的麵條最相似，粗幼度以數字做編排；還有扁意粉、特細的天使麵。中間空的有通心粉、半月管麵、蔥管麵和斜管麵等。另外還有扭曲的螺絲粉、貓耳朵形狀的耳形麵、蝴蝶結麵、貝殼麵等等，可謂千奇百怪，應有盡有。

生性浪漫的意大利人對待麵食富有浪漫情懷，無論是麵的形狀還是搭配的醬汁，都有無限可能。據說，現在市面上有 350 種不同形狀的意粉。曾經很奇怪，為什麼意大利粉是黃色的，雖然成分中有雞蛋，但雞蛋的比例很難主導成品的顏色。原來，意大利粉是由杜蘭小麥粉製成的。杜蘭小麥呈金黃色，質地堅硬，具有高密度、高蛋白質、高筋度的特點，歐洲的意大利粉都標有「Drum」（杜蘭）字樣。由杜蘭小麥粉製成的意粉通體金黃，耐煮且口感好。據說意粉的升糖指數低，類似於豆類，低於裸麥麵包，所以頗健康。

生活在西方，有時難免有鄉愁，但是海外生涯拓展了我的視野，把我打造得頗具柔韌性，就像《托斯卡納艷陽下》(*Under the Tuscan Sun*）的弗朗西斯說的，「像球一樣，可以在很多方向上生活」。

身在異鄉為異客，入鄉隨俗。意粉也成了我家的常備食品。意粉的做法堪比意粉的形狀，創意多多。在香港，被做成湯意粉、炒意粉，更貼近中國人口味。曾經有一個來英國讀書的朋友，嫌唐人街的掛麵太貴，就買便宜的意大利麵條來做「炸醬麵」，這「炸醬意粉」一直被我奉為最有創意的中西合璧料理。

有一種意粉，形狀像米粒，叫做「Orzo」，中文名字是意大利米麵。意大利米麵來自意大利，但在希臘很普遍，經常被用來做湯、涼拌沙律、焗鍋燉菜和作為釀辣椒與南瓜的填充食材。

今天的焗鍋雞扒 Orzo 只需用到一隻鍋子，不但簡單易做，清洗工作少，還可以一早做好，出去逛街回來，放進焗爐焗一下就可以輕鬆搞定一頓晚餐。Orzo 有嚼頭，吸盡雞腿和番茄醬汁的精華，粒粒美味。剩下的 Orzo 與番茄和黃瓜涼拌成沙律，在家就可以享用地中海式美味晚餐了。

意大利米麵配沙律 ONE POT MEDITERRANEAN CHICKEN
ゾーニ 焗鍋雞扒意大利米麵配沙律 ONE POT MEDITERRANEAN
チキンのリゾーニ 焗鍋雞扒

焗鍋雞扒意大利米麵配沙律

One Pot Mediterranean Chicken Orzo

份量

- 4 人

材料

- 去骨帶皮雞腿：8 隻（1000 克）
- 意大利米麵：300 克

- 番茄罐頭：400 克
- 雞味濃湯寶：1 粒
- 洋蔥：半個（切粒）
- 大蒜：兩瓣（切末）

- 牛油：15 克
- 橄欖油：少許
- 鹽：適量
- 黑胡椒粉：適量
- 濃奶油：少許
- 巴馬臣芝士：少許

沙律：

- 意大利米麵：200 克
- 小黃瓜：3 根
- 聖女果：15 個
- 橄欖油：少許
- 醋：少許
- 鹽：適量
- 糖：少許

① 雞腿去骨後清洗乾淨，用廚房紙吸乾水分，雙面撒少許鹽和黑胡椒粉，給雞腿肉添上底味。平底鍋下牛油和橄欖油，雞腿有皮的一面向下，小火煎至皮金黃，翻面繼續煎約 **4** 分鐘，取出待用。

② 鍋內的煎雞油脂富有風味，用來炒洋蔥粒。洋蔥炒至變軟，透明，下蒜末，炒香。意大利米麵下鍋翻炒 **1** 至 **2** 分鐘，放入罐裝番茄和濃湯寶，放鹽、胡椒粉調味。罐裝番茄最好選用意大利的去皮李子番茄，這種番茄顏色鮮艷，味道濃郁，酸甜比例恰到好處。如果選用新鮮番茄，則需加入適量番茄膏和茄汁調整顏色和味道。最後加入適量的水，大約與米麵齊平即可。小火燉煮約 **15** 分鐘。

③ 這時候，開始做意大利米麵沙律。清水和鹽的比例是 **100:6**。煮好米麵，瀝乾，冷卻。小黃瓜切片，聖女果切成兩半，用鹽、醋、糖和橄欖油調味，拌勻即可。

④ 這時候可以嚐嚐米麵軟了沒有，通常包裝上會寫大約煮 **10** 分鐘，但是醬汁煮要比水煮時間長。煮了約 **15** 分鐘左右，可以調整水量，如果水不夠，麵太硬，可以適當添加水。當米麵煮得 **8** 分熟時，倒入少量濃奶油，攪拌均勻，把雞腿擺入鍋中，加蓋再煮 **5** 分鐘左右。享用前，撒上黑胡椒粉和巴馬臣芝士碎。

如果早上煮好，留著晚餐吃的話，最好用鑄鐵鍋，這樣晚上直接進焗爐焗 **40** 分鐘就可以了。沙律可以切好，放入容器，包保鮮膜放入冰箱，餐前再調味，這樣蔬菜便不會釋出水分。

馬德拉蛋糕

1月11日

小雨轉晴　14°C

周末是烘焙的好時候，看著剛出爐的蛋糕被家人快速消滅掉，這種快感堪比目睹麵粉、牛油、雞蛋和糖經過焗烤產生的巨變。做蛋糕是一件說難也不難，說不難也難的事。我不想把做蛋糕說得輕而易舉，以此來說服別人開始嘗試。但做蛋糕的的確確讓人心滿意足，精神療癒效果驚人。

在逐步積累經驗的過程中，開始明白基礎材料，例如麵粉、牛油、雞蛋和糖，混合後經過焗烤而產生的神奇化學反應。焗蛋糕確實是一件需要精確計算的事，最好缺乏創意，跟足食譜。這與烹飪大不相同，如果說烹飪是寫詩，那麼焗蛋糕就是套用化學公式，恐怕這也是為什麼我起步較晚的原因。燉一個焗鍋菜，可以憑直覺任意添加食材和調味料，盡情發揮創意，做出個性十足的料理；但做蛋糕則全然相反，從食材的添加順序，比例的略微變化，到攪拌的特別手法都會影響成品的外形與風味，這種影響造成的結果可能不是個性化，而是災難。每一個蛋糕都不完美，哪怕用同一個食譜，每次出爐都有不同。好的蛋糕食譜像畢氏定理，流芳百世，值得得到世人尊敬。

馬德拉蛋糕是英國傳統經典茶點。馬德拉是葡萄牙的一個小島，盛產馬德拉酒，但馬德拉蛋糕裡並沒有酒，而是因為經常被用來搭配馬德拉酒而得名。馬德拉蛋糕配方最早出現在伊麗莎・艾克頓（Eliza Acton）1845 年出版的烹飪書《家常現代烹飪》（*Modern Cookery for Private Families*）中。伊麗莎寫道：「好的馬德拉蛋糕：打散 4 個新鮮的雞蛋，盡量打發，按照順序，逐步加入以下食材：6 盎司過篩砂糖、6 盎司過篩乾麵粉、4 盎司不加熱室溫軟牛油、1 個檸檬的皮屑；入模之前加入 1/3 茶匙蘇打粉，攪拌均勻。中等溫度焗 1 小時。」

焗好的馬德拉蛋糕，不像海綿蛋糕輕薄軟綿，也沒有磅蛋糕的油膩厚重，口感和質地介於兩者之間的完美地帶。當你吃膩了奶油芝士，厭倦了糖霜裱花，簡單樸實的馬德拉蛋糕就像忠實的老朋友，張開溫暖的臂膀，給你寬慰與欣喜。享受馬德拉蛋糕，從切蛋糕開始，請用有鋸齒的麵包刀，刀下簌簌作響，鬆脆的表皮散落少許碎末，但每一片都完好無損。伊麗莎所說的，好的馬德拉蛋糕鬆軟又不失濕潤，濃郁的檸檬香氣在口中瀰漫開來，蛋香奶香緊隨其後。這時，啜一口清茶，紅塵來去一場夢，浮名一朝轉眼無蹤，何必苦爭鋒。

今天的馬德拉蛋糕食譜來自奈潔拉・勞森（Nigella Lawson）的 *How to be a Domestic Goddess*，這是她婆婆給她的食譜，她說這是迄今為止最好的馬德拉蛋糕食譜。如今不少馬德拉食譜都有加入杏仁粉等各種材料，奈潔拉的食譜中，乾材料是自發粉和普通麵粉，這是最傳統的，味道和口感也是最好的，我同意。

拉蛋糕 MADEIRA CAKE マデイラケーキ 馬德拉蛋糕 MADEIRA CA
キ 馬德拉蛋糕 MADEIRA CAKE マデイラケーキ 馬德拉蛋糕 MADEI

馬德拉蛋糕

Madeira Cake

份量

- 6 人

材料

- 室溫軟化牛油：240 克
- 白砂糖：240 克
- 檸檬：1 個
- 雞蛋：3 個
- 自發粉：210 克
- 麵粉：90 克

模具

- 23 厘米 X13 厘米 X7 厘米磅蛋糕模具

① 焗爐預熱至 **170°C** 。

② 自發粉與普通麵粉混合（下称「麵粉」）。

③ 打發牛油和糖，加入檸檬皮屑。一次一個地加入雞蛋，再加一大匙麵粉，攪拌均匀。然後逐步加入剩餘的麵粉，輕柔攪拌，最後加入檸檬汁。再裝入蛋糕模具中。

④ 入爐前，撒上少許白砂糖，焗 **1** 個小時。其後用牙籤插入蛋糕，牙籤取出沒有沾上麵糊就代表做好了。

⑤ 待蛋糕稍微冷卻，脫模，將其置於鋼絲架上繼續冷卻。為了防止乾燥，蓋一塊紗布，冷卻後放進密封盒中。

臘味煲仔飯

1月 12 日
小雨　9°C

隆冬臘月最想吃的莫過於煲仔飯。在香港油麻地廟街路邊的煲仔飯攤檔，炭火爐子上烤著一排用鐵絲加固的小砂鍋，老闆手執鐵鉗不時地轉動砂鍋，使其均勻受熱。熟客一坐穩，施然舉起兩根手指，只道：「雙拼」，夥計就心領神會。這雙拼指的就是臘味煲仔飯，廣式臘腸拼臘肉。臘腸斜切薄片，臘肉是五花肉，也切薄片。晶瑩剔透的臘味下，雪白的絲苗米飯吸收了臘味的精華，靈魂得到昇華。鍋蓋一打開，飯香肉香，撲面而來。

吃煲仔飯不能著急，沿著「熱辣辣」的砂鍋邊緣轉圈澆上甜醬油，只聽見劈啪作響。煲仔飯必須配鐵匙，塑膠匙、木匙完全不能勝任。光榮時刻到來了，鐵匙下去上下翻動，打亂排得整齊有序的臘味，讓米飯和臘味充分混合。

然後，鐵匙的功能開始完美體現，貼著鍋邊把金黃色的鍋巴刮下來。吃吧，米飯飽含湯汁，濃郁鹹香；臘腸臘肉肥而不膩，溫潤可口；時不時地嚼到香脆的鍋巴，口感立刻複雜有趣起來。如果說那碟黑亮的醬油是煲仔飯的點睛之筆，那麼鹹香焦脆的鍋巴則讓煲仔飯徹底擺脫了平庸。吃客們吃幾口，貼著鍋邊再翻動幾下，口中鹹甜、柔軟和酥脆並進，箇中的味道非言語能形容。這掛著炭灰，纏著鐵絲，缺了口的土黃色小砂煲裡，似乎不只裝著臘味和米飯，還滿載著生活的歡欣與幸福。

煲仔飯源自廣東，以砂鍋為煮飯器皿，廣東人稱砂鍋為「煲仔」，「煲仔飯」因而得名。飯上加蓋肉類的吃法有兩千多年的歷史。《禮記注疏》中記載，周代八珍中的第一珍「淳熬」:「煎醢加於陸稻上，沃之以膏」即將肉醬煎熬之後，加在旱稻做成的飯上，然後再澆上油脂而成的。第二珍「淳母」做法類似，但以黃米做材料。八珍中有兩珍都用蓋澆的做法，當時是名貴的吃法。韋巨源的《食譜》中提到唐代的「御黃王母飯」是「編縷（肉絲）卵脂（蛋），蓋飯表面，雜味」，更具風味。

煲仔飯種類繁多，有臘味、滑雞、叉燒、滷味、排骨和田雞等。好的煲仔飯，最講究用米和火候。米宜選絲苗米或泰國香米，清香柔軟、米粒細長不易爛，容易吸收醬汁，烤成的鍋巴特別酥脆。放米之後，一煲飯大約需要 20 分鐘左右，肉類和米一鍋熟，煲身要經常轉動，以保證受熱均勻。要烤出完美的鍋巴，有一個秘訣，快好的時候，沿著鍋邊轉圈倒入適量的油，再小火烤一會兒，不時地傾斜砂鍋，這樣烤出來的鍋巴分佈均勻，焦脆可口。

如今香港廟街在千里之外，遠水救不了近火。要解饞，還得自己動手，煲仔飯做法一點都不難，現在就開始做。

ラプチョンの土鍋飯
煲仔飯 HONG KONG STYLE CLAYPOT RICE ラプチョンの土鍋飯 臘味煲仔
HONG KONG STYLE CLAYPOT RICE ラプチョンの土鍋飯 臘味煲仔飯 HONG

臘味煲仔飯

Hong Kong Style Claypot Rice

份量

- 4 人

材料

- 臘腸：2 根
- 臘肉：半條
- 泰國香米：2 杯
- 蝦乾：少許
- 小油菜：2 棵

- 生抽：適量
- 老抽：適量
- 糖：適量
- 小蔥：1 棵
- 薑：少許
- 雞粉：少許

① 臘腸臘肉切片，待用。小油菜焯水，備用。

② 準備砂鍋一個，放入洗淨的米，米和水的比例為 **1:1.5**。小火開始焖飯。米飯中的水乾了後，擺上臘味和蝦乾。臘味最好一片疊一片地轉圈擺放，臘腸和臘肉交替。擺好臘味，再擺上蝦乾，沒有蝦乾也沒關係。

③ 準備醬油，小鍋放少量橄欖油，放薑絲和蔥花，炒香，倒入老抽和生抽，加糖和雞粉調味。可以嚐一嚐，調到自己喜歡的鹹甜度。

④ 米飯焖 **15** 分鐘以後，順鍋邊轉圈淋入適量橄欖油，再焖 **5** 分鐘。期間轉動並傾斜鍋子，以確保鍋巴分佈均勻。開蓋，放入小油菜，淋醬油，就可以吃了。

港式蘿蔔糕

1月14日

小雨　13°C

有些人認為，人的一生是否幸福取決於他 / 她是否找到一生的事業，他 / 她熱愛的工作。林語堂在他的《生活的藝術》中寫道：「現在男女所從事的職業，我很疑心有百分之九十是屬於非其所好。我們常聽人誇說：『我很愛我的工作。』但這句話是否言出於衷頗是一個問題。我們從沒有聽人說『我愛我的家。』因為這是當然的，是不言而喻的。」這般論述似乎永遠都不會過時，家庭為我們提供安全的避風港、最放鬆的休憩空間；家人是最親密的消遣玩伴、讓我們感受到最無私的關愛。春節快到了，人們紛紛返家，置辦年貨，當然最重要的不過是吃上一口家鄉的味道。我離家早，兒時物質短缺，過年除了多幾個肉菜之外，沒有什麼特別令人懷念的菜餚。

後來在香港住的時間頗長，對蘿蔔糕一往情深。港式蘿蔔糕用當造的白蘿蔔，加入臘腸、蝦米和瑤柱，鹹鮮軟糯，入口即化。第一次吃蘿蔔糕，是在香港茶樓，一吃難忘。新鮮出籠的蘿蔔糕，可以立即用小茶匙舀來吃。而最普遍的吃法是切厚片，小火煎至兩面金黃，沾蒜蓉辣椒醬吃。

吃蘿蔔糕，我喜歡用木頭製的尖頭筷子，用尖細的筷子來伺候纖嫩易碎的蘿蔔糕最合適。筷子尖輕輕一夾，蘿蔔糕分成兩塊，中間冒出一股熱氣，趁熱沾鮮紅的蒜蓉辣椒醬，放入口中。外焦裡嫩，那層薄薄的脆皮瞬間被柔嫩的糕粉衝破，融化開來的是臘腸蝦米的鹹鮮，蘿蔔的清甜，和蒜蓉辣椒醬的刺激快感。最妙的是當中還有少許未完全溶解的蘿蔔，真是柳暗花明又一村。還有一種流行的吃法是把蘿蔔糕切兩厘米見方的方塊，與 XO 醬一起炒，這就是茶餐廳的 XO 醬炒蘿蔔糕。炒好的蘿蔔糕金黃透著些許辣椒紅，蘿蔔的溫和內斂與 XO 醬的張揚濃郁，一唱一和，出奇地協調，是少有的人間美味。

做蘿蔔糕的關鍵在於掌握調粉的比例，做出來的蘿蔔糕才能避免口感太硬或易碎不成形的問題。今天的食譜用了馬蹄粉，口感好而且不粘刀。如果沒有馬蹄粉，可以用生粉代替。另外，蘿蔔一半刨絲，另一半切成粗條，這樣才能入口即化，同時又保留部分蘿蔔的口感。蒸蘿蔔糕的時候宜選用大型蒸鍋，大火蒸，底層的水要放足，以免乾鍋。掌握了這些技巧，做蘿蔔糕就只需好體力，努力刨絲即可。

蘿蔔糕 HONG KONG STYLE TURNIP CAKE 大根もち 港式蘿蔔糕
STYLE TURNIP CAKE 大根もち 港式蘿蔔糕 HONG KONG

港式蘿蔔糕

Hong Kong Style Turnip Cake

份量

- 4 盒

材料

- 粘米粉：300 克
- 馬蹄粉：60 克
- 水：600 克

- 白蘿蔔：1500 克
- 廣式臘腸：3 根
- 蝦米：50 克
- 瑤柱：40 克
- 油：30 毫升

- 鹽：10 克
- 胡椒粉：6 克
- 雞粉：15 克

模具

- 20 厘米 × 10 厘米 × 6 厘米錫紙快餐盒

① 白蘿蔔一半刨絲，一半切成 **1** 厘米厚的條形。把粉和水混合，攪勻待用。臘腸切粒，瑤柱和蝦米粗切。建議不要放香菇或冬菇，因為菇類容易變質，從而導致蘿蔔糕儲存時間大大縮短。

② 平底鍋下油，小火炒香臘腸、蝦米和瑤柱（保留少許撒面裝飾），倒入白蘿蔔炒熟，加鹽、胡椒粉和雞粉調味。分兩次把炒熟的白蘿蔔加入和好的粉漿中，攪拌均勻。因為白蘿蔔溫度高，分兩次有利於降溫，這樣粉漿呈半生熟狀態。把粉漿倒入容器，在表面撒上蝦米臘腸粒做裝飾。我會用錫紙快餐盒做蒸糕的容器，方便在冰箱儲存。

③ 取大號蒸鍋，加足水，兩層可以蒸 **4** 盒，大火蒸 **15** 分鐘之後轉中火蒸 **45** 分鐘。蒸完取出冷卻，如果不及時從蒸鍋取出，水蒸汽產生的水會滴入蘿蔔糕，影響口感。冷卻後蓋上蓋子，放入冰箱可以保存兩周左右。

一年蒸一次，一次多蒸些，慢慢吃到年十五，這個年才真正過完。

椰汁年糕

1月17日
多雲　9°C

小時候一到冬天就日日盼著過年，快到過年了就更是樂不可支，因為過年有新衣服穿，有煙花放，最主要的是有好吃的。東北的冬天，凍梨、凍柿子比冰棍還好吃，給我們這些小孩解了不少饞。還有用八角、花椒等五香佐料煮的瓜子和花生，放在暖氣上日烤夜烤，快到過年就烤好了，香脆可口，風味獨特，是現在超市裡的瓜子無可企及的。

在中國有很多地方過年，都有吃年糕的習俗。《帝京景物略》載：「正月元旦，夙興盥漱，啖黍糕，曰年年糕。」，《湖廣書德安府》云：「元旦比戶⋯⋯以爆竹聲角勝，村中人必致糕相餉，俗曰：年糕。」年糕是「年高」的諧音，有年年升高，長命百歲，長高長大的意思。

北方的年糕以甜的為主，北京有江米和黃米製成的年糕，東北的粘豆包是用大黃米粉包豆子製成的，且算是東北年糕。小小圓圓的黃色小包子放在苞米葉上，入鍋蒸熟後，沾白糖吃。農村老鄉帶來的粘豆包，有的發酵久了，有些許酸味，反倒別有一番風味。東北的街頭經常能買到朝鮮打糕，蘸豆麵吃，很香。還有一種切糕，小販用刀從一大板年糕上切下一小塊，中間夾著大芸豆，沾白糖吃，賣相很饞人。

我家祖籍是江西，叔叔姑姑在過年時會寄年糕和豆麵來。江西的年糕，金黃色圓圓的一大塊，據說是加了草木灰調成的植物鹼水，所以呈金黃色。爸爸會將年糕切片，沾雞蛋煎，再沾上白糖和豆麵。豆麵是用炒熟的黃豆磨成粉製成的。沾了糖和豆麵的年糕又香又甜，還有淡淡的鹼水味，軟糯可口。老家的年糕和豆麵承載著濃濃的親情，在物質缺乏的年代更顯得矜貴美味，是童年不可磨滅的記憶。江南的年糕是白色淡味的，可切片炒或者湯煮，這與韓國年糕異曲同工。以前在上海工作時，同事都喜歡炒年糕，中午出去吃飯，通常會叫上一盤炒年糕，如果剛巧是排骨年糕就更妙了。那年糕軟糯酥脆，又有排骨的香味，糯中發香，略帶甜辣味，既擺脫了主食的單調又沒有肉菜的油膩，堪稱一絕。

廣式年糕是用紅片糖做成的，橙紅色，很喜慶。香港流行椰汁年糕，做成錦鯉造型最討喜。桔紅色的大鯉魚，油光錚亮，好看、好吃，意頭更好。年糕切片，慢火煎軟，如果喜歡沾蛋漿，這時候可以倒入蛋漿。我喜歡把年糕表面煎脆，多一層口感。

年糕其實很容易做，但不能全部用糯米粉，這樣的年糕太軟，煎不成形，會弄得很狼狽。煎年糕的時候，油稍微多些，一鍋不要煎太多，每塊之間留有足夠的縫隙，防止年糕粘在一起。還有，如果要沾蛋漿，要等煎軟之後，對準年糕，先向鍋中慢慢倒入少許蛋漿，然後將年糕片翻過來，再倒入少許蛋漿。乾的年糕片放在雞蛋液裡，是無論如何也掛不上蛋漿的。

年糕 COCONUT MILK RICE CAKE ココナッツミルク餅 椰汁年糕
RICE CAKE ココナッツミルク餅 椰汁年糕 COCONUT MILK

椰汁年糕

Coconut Milk Rice Cake

份量

- 2 盒

材料

- 糯米粉：450 克
- 澄麵粉：150 克
- 片糖：400 克
- 水：500 毫升
- 椰汁：200 毫升
- 油：50 毫升

模具

- 20 厘米 × 10 厘米 × 6 厘米錫紙快餐盒

① 先將糯米粉和澄麵粉混合，待用。

② 把片糖放入清水，小火加熱融化。煮好的糖水，加入椰汁和油。這時液體溫度不太高，分幾次慢慢加入混合好的粉中。攪拌均勻，粉漿呈濃稠流動狀，提起攪拌棒，粉漿呈帶狀流下就差不多了。

③ 容器掃上少許油，倒入粉漿，在容器上蓋上一層保鮮膜或錫紙，大火蒸 **15** 分鐘後轉中火蒸 **45** 分鐘。可以用牙籤插入，如果沒有帶出粉漿，就是熟了。冷卻後，蓋上蓋子，放入冰箱可保存數周。

鹽焗雞

1月23日
霧　9°C

明天就是年三十，作為家庭「煮婦」，為了明天那頓年夜飯，今天是最忙碌的一天。年夜飯是一年之中最重要的一頓飯，一家人歡歡喜喜地吃飽吃好，開啟新的一年，這種思想在中國人的心中根深蒂固。以前在香港的時候，我經常預定盆菜，來到英國當然沒有盆菜供應，就下定決心自己張羅年夜飯。

現代社會，無煙火氣的生活越來越流行。想起林語堂所說「一個人如若只為了工作而進食，而不是為須進食而工作，實在可說是不合情理的生活。我們須對己身仁慈慷慨，方會對別人仁慈慷慨。」廣東話把出門工作說成「搵食」，實屬精妙。「搵」是找的意思，「搵食」就是「找生計」的意思，點破了工作的主觀動機。既然大家都為口奔馳，為什麼不認真為自己煮一頓飯，好好吃一頓飯呢？

林語堂又說「如若一個人能在清晨未起身時，很清醒地屈指算一算，一生之中究竟有幾件東西使他得到真正的享受，則他一定將以食品為第一。所以倘要試驗一個人是否聰明，只要去看他家中的食品是否精美，便能知道了。」

好好做一頓年夜飯，當然不是為了要證明自己聰明，然而如果順便得一「聰明」的頭銜也樂得欣然接受。話說今年年夜飯的重頭戲，就是我們東北人說的「硬菜」——「鹽焗雞」。英國超市的肉食雞味道寡淡，肉質軟綿，一點也不好吃。無論是走地雞、有機雞，還是穀飼雞，都不好吃。對於喜歡雞胸的外國人來說，吃雞就是單純吃肉，對雞味要求不高，不會吃雞，也不能怪他們。但我喜歡禽類，雞鴨都愛。一度發現唐人街的雞很有雞味，但怎奈都是「老雞」用來燉湯還好，吃起來就需要好牙力。前一段時間，偶然在超市發現有珍珠雞賣，雖然價格有點貴，但無雞可吃的我就不能抱怨價錢了。

這珍珠雞，約一公斤左右，體型偏瘦，皮薄，色澤嫩黃，脂肪甚少，符合我心目中「優質雞」的特徵。珍珠雞，又名幾內亞雞，源自非洲熱帶叢林，被歸為野味而非家禽，據說肉質細嫩，味道極為鮮美，有特有的野鮮味，於是寄予了很大的期望。為了不辜負這隻貴價雞，保留原汁原味，打算鹽焗。

鹽焗雞是廣東客家傳統菜，材料極為簡單，只有雞和鹽。凡是享譽中外的經典菜式大多用料簡單，能突出主要食材自身的鮮味，鹽焗雞就是好典範。年夜飯的鹽焗雞，當提前一天醃製，醃製過夜，才能更入味。經過一天一夜的風乾，焗出來的雞更是皮滑肉嫩。

SALT BAKED CHICKEN 塩焼き鶏 鹽焗雞 SALT BAKED CHI
塩焼き鶏 鹽焗雞 SALT BAKED CHICKEN 塩焼き鶏 鹽焗雞 SALT BA

鹽焗雞

Salt Baked Chicken

份量

- 4 人

材料

- 雞：1000 克
- 粗鹽：2000 克
- 鹽焗雞粉：1 包
- 花椒：少許
- 八角：少許
- 薑：20 克

① 雞洗淨，晾乾，最好用廚房紙把雞內外的水分都擦乾。把鹽焗雞粉均勻塗抹到雞身，腿部和胸部的皮下也塗抹雞粉，按摩一會，讓鹽分充分滲入。醃製過程，雞身會滲水，所以要把雞放置於鋼架上，或掛在通風處，醃製過夜。第二天，雞皮微乾，用廚房紙再擦拭內外，吸乾水分。用烘焙紙把雞包裹好，再包一層錫紙。

② 鹽焗雞一定要用大粒鹽，因為精鹽太細，容易融化，滲入雞身會導致雞肉太鹹。粗鹽、花椒和八角下鍋翻炒，待鹽中的水分蒸發，鹽開始變得微黃，就炒好了。

③ 準備鑄鐵鍋，或者砂鍋更好，先把一部分鹽倒進鍋中，然後把包好的雞放入鍋內，再把餘下的鹽倒入鍋中，把雞全部覆蓋。注意雞在鍋中要保持雞胸朝上，這樣防止雞胸過老。加蓋，小火，焗 1 小時。也可以把鑄鐵鍋放入焗爐，低溫焗烤，180℃焗烤 1 小時，注意時間不宜過長，因為珍珠雞肉非常嫩，焗烤過度會使雞肉失去彈性。用焗爐的好處是可以騰出爐頭來炒別的菜。

④ 把焗好的鹽焗雞從鹽中挖出來是一大樂事。聞著誘人的香味，敲碎結成硬殼的鹽，剪開錫紙，色澤焦黃油亮的鹽焗雞，皮爽肉滑，骨肉鮮香，絕對是年夜飯的焦點。

不需要刀切，用手撕一塊，直接入口，那味道妙不可言。從此，每當你清晨在床上屈指計算人生真正享受的東西時，鹽焗雞必佔一席。

豬肉芹菜餃子

1 月 25 日

陰有時晴　8°C

大年初一，當然是要睡個懶覺，醒來就吃餃子，小時候在家就是這麼過初一。那時候，年三十整晚熬到等 12 點一到，就迫不及待地出去放鞭炮和煙花。大人們則吃完年夜飯就開始包餃子。

包餃子，用時興的話說，是「團隊工作」。北方人家，年三十夜晚包餃子是全家總動員。有擀皮的、有包的，小孩子在旁邊幫忙按麵劑子（在中國北方，做麵食時，從和好的大塊麵糰上分出來的小塊）。通常一個人負責擀餃子皮，供兩三個人包。擀餃子皮的需是個狠角色，通常是我爸，只見他把麵糰中間扣一個洞，順著洞邊用手掌把麵糰握成一個均勻的麵圈，然後果斷揪斷麵圈，撒上薄麵（就是乾麵粉，「薄」東北發普通話的「不」音），兩手從中間均勻向兩邊搓，然後快刀「得得」地起落，一條麵切成大小相同的一排劑子。這需屏住呼吸，有節奏地下刀，方能一鼓作氣切出個頭均勻的劑子。

這就是刀工，須手腦眼高度配合，好像喘一口氣就會影響手下的節奏導致下刀不勻。我會幫忙把劑子按扁，沾滿薄麵。擀餃子皮絕對是個技術活，麵皮在擀麵杖下轉著圈，通常轉個兩三圈，麵皮就擀好了。上等的餃子皮中間厚，周圍薄，中間約是周邊的兩倍厚，這樣包餃子時對摺，整個餃子就厚度一樣，吃起來絕對不會有厚薄不均的感覺。擀餃子皮的，還需及時與包餃子的溝通，是厚了還是薄了，及時修正。我媽帶領我大姐和二姐包餃子，她對餃子皮很有要求，所以開始包時總會提出「有點厚」、「再薄點」之類的，我爸則努力修正，然後餃子皮就從他手下一個個地飛出來，落在麵板中央。包餃子的用筷子取餡（雖然我覺得用匙羹更方便），一次取夠不多不少，先對摺粘住一個點，然後兩手食指和拇指握住餃子，一捏，一個元寶餃子就活脫脫地誕生了，有點像上帝造人，捏兩下就造出生命來。包好的餃子轉圈擺在圓形的笊籬上，直接送到窗外凍上。

當外面煙火通明，鞭炮隆隆作響的時候，水也滾起來，餃子下鍋。我媽通常守在灶前，一手叉腰，一手拿著漏勺準備著。煮餃子也有學問，首先，鍋必須夠大，裝足夠多的水，水「嘩嘩」地滾起來才能下餃子，切忌一鍋下太多餃子，擁擠會造成水溫下降，餃子粘連。尤其是煮凍餃子，想要不破不漏，必須保持高水溫。我發現鑄鐵鍋保溫性能好，最適合煮凍餃子。餃子下鍋後，攪動時要用勺子背，從自己身體這邊向外輕輕地推出去，這樣才不會把餃子弄破。這時鍋裡寂靜下來，可以加蓋，但必須在旁邊看著，防止滿溢出來。水再滾，及時開蓋，中火煮一會兒，餃子浮上來，一個個變得鼓溜溜時，用漏勺撈一個，指頭尖按一下，感覺餃子皮和餡分離，就煮好了。

孩子們放完煙花回來，餓了的就吃餃子，有精神的繼續打撲克、下棋。大人們吃過餃子就接著打麻將。我不善熬夜，這時候通常已經又困又累，沒胃口吃餃子，就倒頭睡去了。年初一早上，大人們還是早早起身，準備接待來拜年的親戚朋友。我則一覺睡到十一二點，醒來就以餃子做早午餐。

餃子餡是混搭藝術，萬物皆可包，關鍵是搭配得當，食材味道相得益彰。以前在香港學過包素餡餃子，炒雞蛋、小油菜、水豆腐、粉絲、木耳和香菇，在十三香、花椒油和薑蓉的配合下，口味清新鮮美，薄薄的皮隱約透出嫩黃和嫩綠，賞心悅目。

當肉類遇到蔬菜，就像小夥邂逅美女，出現了無數可能。豬肉茴香、豬肉白菜、豬肉芹菜、牛肉洋蔥、羊肉紅蘿蔔，當然還有鐵三角——蝦仁、豬肉和雞蛋的三鮮餡。所有餡料混搭中，我認為最出彩的是東北的豬肉酸菜。這兩樣平凡的食材配在一起，造就了非凡的風味，豬肉當選半肥瘦的，酸菜細細切絲後再切碎。酸菜簡單沖洗瀝乾，如果要擠水，擠出來的水要摻入高湯攪入肉中，以保存酸菜十足的風味。好的酸菜餃子，湯汁豐盈，酸中帶鮮，油潤不膩。酸菜吸油又開胃，飽吸了豬肉油脂的酸菜立馬豐潤起來，就像是樸實的農家小妹，卻忽然風騷起來。豬肉的豐腴被酸菜中和，變得鮮美無比。吃餃子，必須配手搗的蒜醬。搗蒜的蒜柏是粗陶缽配木柏，大蒜去皮拍扁，撒點鹽，搗成漿狀，加少許醬油和糖，用來蘸餃子一流。如果不是酸菜餡的，再點少許大紅浙醋，必定能把餃子的鮮香推到一個新高度。還有，吃餃子當配餃子湯（就是煮餃子的水），原湯化原食才是圓滿。

成功的餃子餡，首先須選肥瘦適宜的肉。英國超市脂肪含量 5% 的絞肉最普遍。純瘦肉餡口感乾癟不好吃，英國的瘦肉瘦到這種地步，卻還是肥人滿街，想不通。肉餡最好肥瘦三七分，不至於太肥膩。然而，和餃子餡的關鍵是打水（即用不斷攪拌的方法把水「打」進肉中）和調味。

500 克豬絞肉，通常要分階段加約 200 毫升高湯，慢慢順一個方向攪拌，直到粘稠，絞肉把水分全都吸收進去，之後再加鹽和蔬菜也不會回吐水分。如果蔬菜需要擠水，那麼應像處理酸菜一樣，提前擠水，把蔬菜水摻入高湯，這樣既不會丟失蔬菜的營養，也保存了蔬菜的風味。

調味也是關鍵，水餃下鍋水煮後，鹽分會流失，所以要想餃子夠味，餃子餡須稍鹹一點。最好的辦法時跟配方，量稱調味佐料，一次加足。另外，肉與蔬菜混合的順序也很重要。絞肉打水調味完畢後，加油封住水分和鹽分才加蔬菜，這樣就能有效防止蔬菜遇鹽出水。

好吃的餃子，一半在餡，一半在皮，製作餃子皮是技術活兒，麵粉首選高筋麵粉，筋道耐煮，不容易破。麵與水的比例約 2：1，做出的麵糰稍硬，醒麵之後就剛剛好。最好加 2% 的鹽，溫水和麵，醒麵 1 小時。

包餃子的步驟通常是先和麵，絞肉打水調味後放冰箱冷藏，再處理蔬菜。開始包之前才把蔬菜和肉混合。

平安

芹菜餃子 PORK AND CELERY DUMPLINGS セロリと豚肉の水餃
PORK AND CELERY DUMPLINGS セロリと豚肉の水餃子 豬肉芹菜

豬肉芹菜餃子

Pork and Celery Dumplings

份量

- 4 人

材料

- 豬絞肉：500 克
- 溫水：200 毫升
- 濃湯寶：1 個
- 鹽：7 克
- 醬油：30 毫升
- 蠔油：少許
- 蔥花：40 克
- 薑蓉：15 克
- 白胡椒粉：少許
- 十三香：少許
- 麻油：30 毫升
- 西芹：400 克

- 高筋麵粉：800 克
- 水：420 毫升
- 鹽：10 克

① 麵粉、鹽和水混合，揉成麵糰，加蓋醒麵 1 小時。每 20 分鐘，揉麵 1 分鐘。

② 豬絞肉先加入蔥花和薑蓉，再注水，如果有高湯更好，沒有的話可以用溫水融化一個濃湯寶，或用花椒煮水代替高湯。分 3 次慢慢加水，順一個方向攪拌至粘稠上勁。加除麻油之外其他調味料，攪拌均勻，最後加麻油拌勻。蓋保鮮膜入冰箱冷藏。

③ 西芹洗淨，焯水，冷水清洗，瀝乾水分。切碎，拌入肉餡中，淋入少許油，拌勻。拌好的餃子餡須馬上包，所以在確認所有準備工作都完成，麵糰醒好之後，最後才在餡料中加入蔬菜和少量油，這樣能有效地防止蔬菜出水。

擀餃子皮和包餃子是一個須不斷練習，才能日趨完美的過程，頭幾次包得不好沒關係，熟能生巧。

新的一年，以吃自己包的手工餃子開始，願今天比昨天開心，明天比今天更快活。

什錦天婦羅

1月28日

有時晴 有時雨 8°C

現代人經常陷進身體健康和美食誘惑的兩難之間。人是雜食動物，處於食物鏈頂端，我們大可以科學地選擇食材。與其這個不吃，那個不碰，倒不如樣樣都吃點，用心烹飪，認真吃飯。

然而，世界是矛盾的，健康的食品往往不好吃，好吃的食品通常不健康。油炸食品當屬後者。我以為本著「可以吃，少吃」的原則，適當地玩點花樣，生活才更有樂趣。油炸食品總是好吃的，其中天婦羅當屬佼佼者。

天婦羅是出名的日式料理，而包裹麵漿油炸的烹飪方式其實來自葡萄牙。天婦羅「Tempura」來自拉丁文「Tempora」，用來指禁食的時間，因為人們通常在大齋節吃這種油炸蔬菜，所以就以此為名。天婦羅的歷史最遠可以推到1543年，那時幾個葡萄牙人登上了日本島，是踏上日本國土的第一批歐洲人。這些長相奇特的「野蠻人」逐漸開始和日本人做起了生意，也帶來一種沾了麵糊油炸青豆的菜餚，就是最早的天婦羅。

日本人善於取人之長，並發揚光大。就像中國的茶一樣，宋朝的沖茶方式在日本得以原封不動地保存下來，更被發展成獨特的日本茶道。葡萄牙人的油炸青豆，被日本人繼承，繼而改良了麵糊，大大擴大了食材範圍。從大蝦、魷魚到南瓜、番薯、香菇、茄子、紫蘇葉等，都能變成天婦羅。

包裹麵糊油炸的烹飪方式在歐洲盛行。英國的炸魚薯條就是代表。整片鱈魚柳不加調味，包裹麵漿，高溫炸至金黃酥脆，搭配簡單的塔塔醬或鹽醋，俘虜了整個大英帝國。油炸保存了食材最原始的鮮味和質感，而又加入了麵衣的香酥鬆脆的口感，難怪人人愛吃。

天婦羅的麵衣比較薄，口感清新，少油膩感，沾少許淡醬油，是人間美味。天婦羅大蝦賣相豐盈華麗，是天婦羅之王。但我認為，天婦羅南瓜最好吃。南瓜當選日本栗子南瓜，味甜且糯。南瓜天婦羅，奶白色薄脆的麵衣下，透出淡淡的金黃色，與顏色艷麗的大蝦天婦羅比起來低調內斂，倒更有大家閨秀的風範。筷子輕輕夾起，醬油碟中輕點兩下，放入口中，「咔嚓」聲起，牙齒和舌頭都遭遇雙重刺激，酥脆與糯軟，鹹鮮與香甜，大腦被複雜的口感迷惑，造成一種味覺的暈眩，大概就是「被沖昏了頭腦」的感覺吧。

如此這般，雖然油炸的，但原料畢竟是新鮮的蔬菜與海鮮。自己炸，更能保證選用上好的油脂和食材。天婦羅當然名列我早晨在床上屈指一算的那些我生命中真正享受的幾樣東西之一。

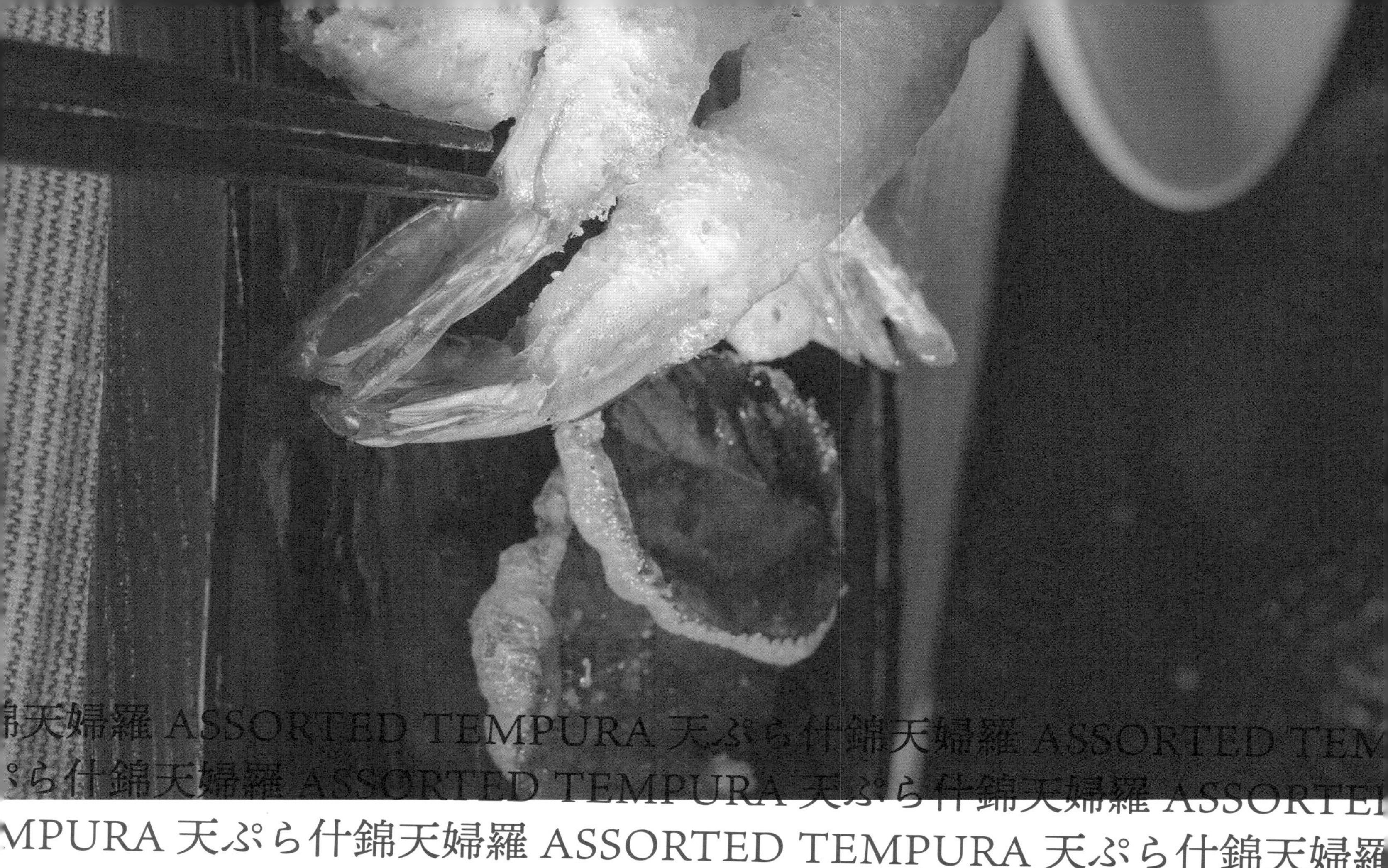
錦天婦羅 ASSORTED TEMPURA 天ぷら什錦天婦羅 ASSORTED TEM
ぷら什錦天婦羅 ASSORTED TEMPURA 天ぷら什錦天婦羅 ASSORTE
MPURA 天ぷら什錦天婦羅 ASSORTED TEMPURA 天ぷら什錦天婦羅

什錦天婦羅

Assorted Tempura

份量

- 2 人

材料

- 大蝦：6 隻
- 南瓜：6 片
- 青椒：6 塊
- 紫蘇葉：6 片

麵糊：

- 自發粉：40 克
- 生粉：10 克
- 冰水：60 毫升
- 蛋黃醬：20 克

沾醬油：

- 生抽：3 大匙
- 砂糖：1 茶匙
- 味醂：1 大匙

① 大蝦去頭，去皮，保留尾部。用牙籤挑去蝦腸。大蝦尾部水分較多，可以切掉少許邊緣，用刀刮出水分，防止油炸時暴油。南瓜切 **0.5** 厘米厚片，容易入口的大小即可，青椒切塊。也可以選用其他蔬菜。

② 把所有製作麵糊的材料混合，關鍵是使用冰水，這樣高溫油炸時有明顯的溫差，口感會更酥脆。麵糊大致攪拌即可，不需要太均勻，有一點麵粒更好。

③ 青椒、南瓜沾麵糊。沾麵糊時，大蝦尾部有殼的部分不沾，炸出來顏色鮮紅，很好看。紫蘇葉只沾一面，這樣炸好後顏色碧綠，賣相好。

④ 準備油鍋，下足夠多的油，炸天婦羅的油過濾後還很清，可以炒菜。油熱了，用筷子沾一滴麵糊滴在鍋裡，如果麵糊快速膨脹，就代表溫度夠高，可以炸了。炸好的天婦羅放在鋼架上瀝乾油，趁熱吃。

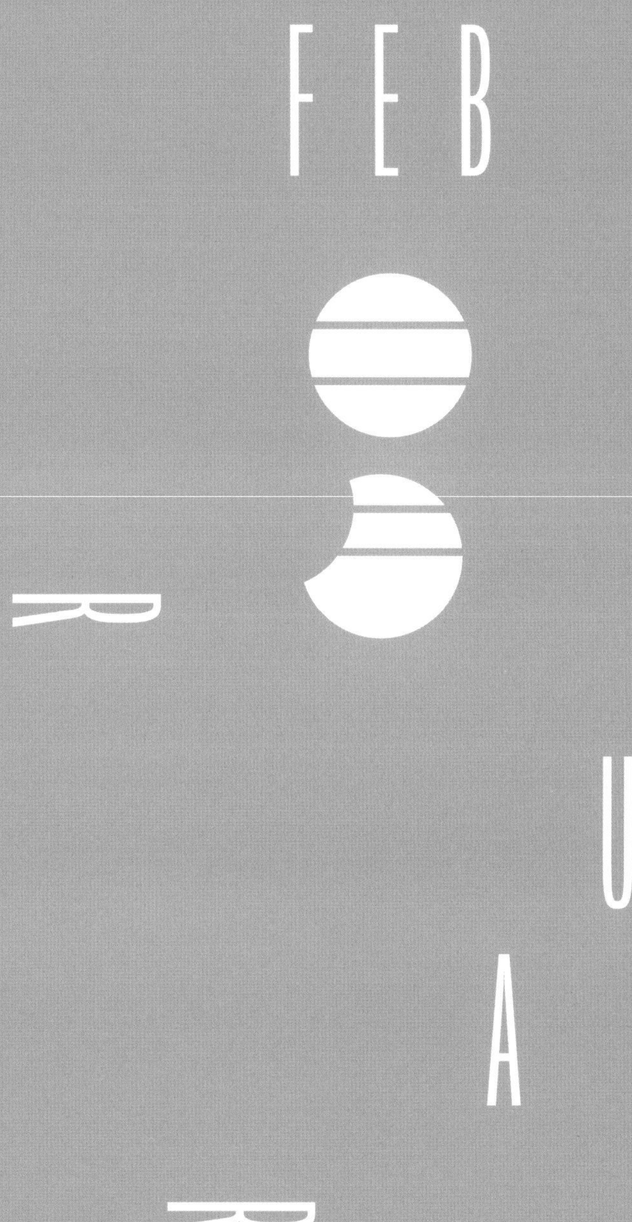
FEBRUARY

2 月的英文名字來源於拉丁語 Februum，意思是「淨化」。也有傳說本月的名字源於 Februa，是古羅馬人在 2 月 15 日舉行的淨化儀式，人們懺悔自己過去一年的罪過，洗刷自己的靈魂，以求得神明的寬恕，使自己成為一個貞潔的人。

因為古羅馬人不把冬天視為有效的月份，估計是認為冬季對農業沒有貢獻，所以一年從 3 月開始，1 月和 2 月是最後才被加入到古羅馬日曆中的。2 月通常有 28 天，閏年的時候有 29 天。

在西方，情人節是 2 月的一個重要節日。情人節又叫聖瓦倫丁節，在 2 月 14 日。據說在 200 年左右，羅馬皇帝禁止年輕男子結婚。他認為未婚男子可以成為更優良的士兵。教士聖瓦倫丁違反皇帝的命令，秘密為年輕男子主持婚禮，結果被逮捕，於 269 年 2 月 14 日被處決。

古代慶祝情人節的習俗來自古羅馬的牧神節。牧神節設在雀鳥交配的初春，是為了慶祝即將來臨的春天。據記載，教宗在 496 年廢除牧神節，把 2 月 14 日定為聖瓦倫丁日，後來就稱為了西方的「情人節」。

馬鈴薯沙律

2月4日

小雨　8°C

已經踏入 2 月，我家門口那棵冬櫻如期開花了。淡粉色，單瓣，疏落有致地掛在枝頭，風一吹過，粉白色的花瓣紛紛落下。每天早上，停在樹下的車都是一道風景，車頂被落花裝點，冰冷的汽車也顯出些許嬌媚，藍天和粉櫻倒映在深藍色的金屬頂篷和玻璃窗上，春天的氣息撲面而來。今年的冬天很暖，英國人期待的白色聖誕節當然沒有來，而玻璃房裡扦插的燈籠花苗，居然開始打花骨朵兒了。

小鳥「啾啾」地叫著，陽光從百葉窗照在書枱上，如此平靜的早晨，當從一壺茶開始。於是我起身煮水，泡一壺福建的茉莉花茶。綠茶和茉莉花，分開來看都是平凡之味，但兩樣混合起來卻造就了享譽中外的名茶。茉莉花茶取茉莉的幽香，綠茶的清新，在歐美是老外最愛的中國茶。現在人人追求稀罕的食材，餐廳也以高檔稀有的食材做招徠。英國有一種黑松露薯片，一上貨架就被搶購一空。這種摻了黑松露香精的薯片不見得會有多好吃，銷售的不過是人們獵奇的心態。

有兩種家常食材，各自都味道平和，混合起來稍加調味，卻能搭配出驚人的味道。吃過我做的這道料理的親友，無不驚訝地說：「好味道。」這便是馬鈴薯沙律。

第一次吃馬鈴薯沙律是在青島。我那時在英國留學，放暑假去青島遊玩。那個夜晚，暑氣退去，幾個外國朋友約我去一個本地的西餐館。記得飯館頗小，在一所白色房子裡，入口的玻璃門和窗戶周圍都掛了閃閃的燈飾，老闆娘親自招呼，很溫馨。其中有一道前菜就是馬鈴薯沙律。朋友在我耳邊說：「這家店的馬鈴薯沙律很好吃。」我於是盛了一勺，入口是冰涼的，切成小粒的馬鈴薯和煮雞蛋添了蛋黃醬，在口中融化開來，是濃郁的蛋奶香。馬鈴薯的軟糯搭配蛋白的彈性，咀嚼起來令人愉悅。那隱隱的鹹鮮是海鹽的味道，偶爾的酸辣爽脆是洋蔥粒和小酸黃瓜的功勞。馬鈴薯沙律有個無趣的名字，卻真真是一盤趣味盎然的美味沙律。

說起沙律，當然是西方的產物。馬鈴薯沙律或許來自俄國的「奧利弗沙律」，又叫俄國沙律。1860 年代，在莫斯科工作的廚師 Lucien Olivier 發明了這款用蛋黃醬和葡萄酒醋做醬料的沙律。奧利弗的沙律很快成了飯店的主打菜。起初，沙律裡有鴨肉、牛舌、小龍蝦等較貴重的食材，後來改用火腿等普通食材並流傳開來。後來在上海居住，發現海派西餐中的一道名菜「洋山芋沙律」，是上海改良版的馬鈴薯沙律。上一世紀三十年代，上海紅房子西餐館開張時，就有這道頭盤開胃菜。

HOME
Tuesday, January 7, 2020
STORE & ORDER
This storage piece
has it all: a mix of
open shelves and
cubes, a rich blue
colour with rubbed
edges and satin grey
hairclip legs. Oh, and a
killer price.

鈴薯沙律 POTATO SALAD ポテトサラダ 馬鈴薯沙律 POTATO
ダ 馬鈴薯沙律 POTATO SALAD ポテトサラダ 馬鈴薯沙律 POTATO

馬鈴薯沙律

Potato Salad

份量

- 4 人

材料

- 馬鈴薯：4 個
- 雞蛋：3 個
- 洋蔥：1/4 個
- 青豆：少許

- 牛油：5 克
- 蛋黃醬：50 克
- 乳酪：1 大匙
- 鹽：少許
- 胡椒粉：少許

① 馬鈴薯用高壓鍋隔水蒸熟，雞蛋帶殼煮熟，青豆煮熟。

② 洋蔥切粒，待用。

③ 馬鈴薯去皮，雞蛋去殼，切成小粒。

④ 趁馬鈴薯和雞蛋還是熱的，加入洋蔥粒和牛油拌勻。這樣可以減少洋蔥的辛辣味，牛油也容易融化。

⑤ 加入適量的蛋黃醬、乳酪、鹽和胡椒粉。可以邊嚐邊調味，適當增加或減少調味料。

⑥ 最後拌入青豆。

馬鈴薯沙律最好提前做好，夏天可以放入冰箱冷藏，幾個小時後，食材的味道充分融合之後，滋味更好。

港式焗豬扒飯

2月11日
陰有時晴　7°C

踏入2月，白天明顯長了，開始刮起了春風。去年11月種下了兩包鬱金香和鳶尾花球莖，如今鬱金香墨綠色的葉子已經打著卷地長出來了。今早發現，有幾株藍色的鳶尾花居然率先開放了。鳶尾花洋名叫Iris，是希臘彩虹女神伊麗絲的名字。我尤其偏愛藍色的鳶尾花，寧靜憂鬱，又浪漫雅致。記得有年去位於巴黎郊外奧維爾的梵高墓地，門口的那幅《鳶尾花》最引人注目。藍色的鳶尾花生長在金黃色的土地上，艷麗可愛。綠色的葉子線條彎曲多變，是一種掙扎向上的姿態。整個畫面既洋溢著生命的活力，又充滿憂傷和不安。

雖然天氣暖和，鳶尾花盛開，但是風刮得呼呼作響，還是宅在家裡，與跳進百葉窗的陽光在書枱上相會比較好。有可以遮風擋雨的房子，有書有茶，便是幸福人。如果此時此刻，能來一份港式焗豬扒飯那就堪稱完美。

港式焗豬扒飯中西合璧，是港式創意料理的典範。吃焗豬扒飯不用去什麼出名的餐廳，就在街頭拐角的茶餐廳，甚至商場裡的大家樂就能讓你吃飽吃好，心滿意足。焗豬扒飯不單是好吃，實物的賣相也絕對和宣傳照接近。你拿麥當勞的漢堡包和海報上的比一比，不覺得有很大不同嗎？其實，沒有多少快餐的宣傳照能與實物相符的。就憑這一點，焗豬扒飯也穩坐快餐「一哥」位置。

焗豬扒飯首先要熱辣辣地上桌。橢圓形的白陶瓷焗盤滿滿的、沉甸甸的，邊上沾了焗得金黃，或者有略微焦黃的芝士。番茄醬汁融合了焗得金黃的芝士，還覆蓋著鮮紅的番茄、金黃的鳳梨、綠色的西蘭花；再下面就是厚 1.5 厘米的厚切豬扒。一刀下去，帶點肥膩，沾滿番茄醬汁，入口酸甜、鬆軟、多汁，口感奢華豐盈。再來一勺飽吸了醬汁的黃金炒飯，滋味親切豐厚。接下來，把豬扒切成小塊，與飯菜和醬汁混合，每一勺都是盛宴。這時，再喝上一口港式凍奶茶，便是李笠翁的「絕口不能形容之」。

有一部港產電影叫《藍色情人》，由張曼玉與張耀揚主演，劇中的男主角黑社會老大 Roy，為張曼玉飾演的 Rose 製作茄汁豬扒飯。他說好吃的豬扒飯有 38 個步驟，若非做給心愛的人吃，誰會花這個心思呢？其實，豬扒飯並不見得有那麼麻煩，但是每一個步驟都要盡心盡力做好，才能味美，確實是一道不折不扣的愛心料理。

式焗豬扒飯 Baked Pork Chop Rice ゴッツィーパーファン 港式焗豬扒飯
op Rice ゴッツィーパーファン 港式焗豬扒飯 Baked Pork Chop Rice ゴ
港式焗豬扒飯 Baked Pork Chop Rice ゴッツィーパーファン 港

港式焗豬扒飯

Baked Pork Chop Rice

份量

- 4 人

材料

- 豬扒：4 塊
- 雞蛋：4 個
- 番茄：2 個
- 洋蔥：1 個
- 蘑菇：200 克
- 西蘭花：100 克
- 大蒜：2 粒

- 罐裝番茄：300 克
- 番茄膏：2 大匙
- 馬蘇里拉芝士：200 克

- 牛油：10 克
- 橄欖油：適量
- 鹽：少許
- 胡椒粉：少許
- 糖：少許
- 醬油：少許
- 蠔油：少許

① 雞蛋打散，蒜切蓉，洋蔥、番茄切塊，蘑菇切片。西蘭花去硬皮，焯水待用。

② 豬扒宜選厚切，最好是邊緣帶點肥肉的那種。豬扒洗淨，用廚房紙擦乾水分。置於菜板，用刀背敲兩面，把肉敲鬆。再把豬扒放入容器中，撒少許鹽和胡椒粉，倒入約 20 毫升蛋漿，拌勻，醃製 30 分鐘。其後再倒入約 100 毫升蛋漿，讓豬扒雙面沾滿蛋漿，平底鍋燒熱，倒油，下鍋須用小火將其雙面煎至金黃，大火蛋焦豬扒還不熟，所以要有耐心。煎好後出鍋待用，這時的豬扒大約有 8 成熟，出鍋後還會慢慢自熟。

③ 如果罐裝番茄是個裝的，先略切成粒。牛油和少許橄欖油下鍋，倒入洋蔥小火炒軟，加入蒜蓉炒香。再加少許油，放入蘑菇，大火炒軟，加入番茄膏和番茄，煮開。加入糖、鹽、醬油、蠔油和胡椒粉調味。熄火待用。

④ 另取一鍋，下油，加入冷飯，炒香。把飯推向鍋的四周，中間下油，燒熱後，下蛋漿。這時的蛋漿從邊緣開始熟，用鏟子把蛋漿推向米飯，逐漸把蛋漿和米飯混合，快炒，保證每一粒飯都裹上蛋漿，粒粒金黃噴香。

取陶瓷焗盤，把炒好的飯倒入焗盤。豬扒擺在飯上，再把西蘭花擺在四周。澆上醬汁，再鋪上芝士碎。入焗爐，180℃焗 20 分鐘。

熱辣辣地上桌，雖然卡路里比較高，但是在風大寒冷的天氣，偶爾為之也不過吧。

奧利奧芝士蛋糕

2月14日
小雨　11°C

今天是情人節，我有兩個朋友也是今天生日。有一陣子我喜歡在這一天畫一幅畫，送給朋友當生日禮物。今年則打算做一個蛋糕來慶祝。

如果只能帶一樣東西去荒島求生，我會選芝士蛋糕，這樣就可以在天堂的美味中與死神較量，輸贏與否，都此生無憾。我學習焗蛋糕也是從芝士蛋糕學起，恐怕是因為如此美味誘人的東西，居然簡單得讓人難以置信。

當我們遇到味道極美的食物，總會想當然地認為其製作方法一定很複雜。事實上，很多美食的製作方法並不難，只要你肯動手，分分鐘能做出專業水準的食物。芝士蛋糕就是好吃易做的典型代表。

芝士蛋糕起源於古希臘。希臘人認為芝士蛋糕是活力的來源，曾經提供給奧運會運動員食用。另外，希臘人在結婚時也會用芝士蛋糕作為婚禮蛋糕。古時候的芝士蛋糕做法和用料都非常簡單，只需要麵粉、蜂蜜和芝士。後來，羅馬征服希臘後，芝士蛋糕的做法也產生了變化，開始加入雞蛋，並在燒熱的磚上焗烤，趁熱食用。隨著羅馬人擴張帝國版圖，他們將芝士蛋糕傳入歐洲。大不列顛和西歐諸國都以自己的方式改良食譜。每個世紀，歐洲的芝士蛋糕的食譜都會有變化，各個地區都會使用當地的食材在製作。一直到十八世紀，芝士蛋糕才開始發展成現在的模樣。那時歐洲人開始用打發的雞蛋來代替酵母，沒有了強烈的酵母味，芝士蛋糕更像甜點了。隨著歐洲人移民到美洲，芝士蛋糕的食譜也被傳往美洲。美國人率先在芝士蛋糕中加入奶油芝士（Cream Cheese），而美國品牌「費城奶油芝士」一直到現在都是芝士蛋糕的主要食材。

說到芝士蛋糕，不能不說紐約芝士蛋糕。經典的紐約芝士蛋糕口感順滑，紮實，奶味濃厚，不須加水果、朱古力或焦糖，實實在在的純芝士味就是招牌風味。二十世紀初期，紐約人開始愛上這道甜點，幾乎每間餐廳都有屬於自己版本的紐約芝士蛋糕。紐約芝士蛋糕屬傳統做法，需要烘焙。

現在流行的芝士蛋糕中，有些是不需要焗烤的，做法尤其簡單。免焗的芝士蛋糕，芝士比例大，口感更細膩潤滑，味道醇厚。

兩樣好吃的東西，搭配起來產生的風味通常不是簡單的疊加，而是指數般地猛增。奧利奧和芝士就是這種神奇的搭配。奧利奧是黑加白，可可與奶油的戲法，當芝士加入後，這個美味派對就更熱鬧了。經過冰箱冷藏的奧利奧芝士蛋糕，不但樣子好看，而且每一口都有驚喜，每一口都是幸福。

芝士蛋糕 OREO CHEESE CAKE オレオチーズケーキ 奧利奧芝士
CAKE オレオチーズケーキ 奧利奧芝士蛋糕 OREO CHEESE

奧利奧芝士蛋糕

Oreo Cheese Cake

份量

- 7 英寸蛋糕

材料

蛋糕底：

- 奧利奧餅：9 塊
- 牛油：45 克

芝士蛋糕：

- 奧利奧餅（可以選兩款不同的，食譜中使用香草夾心味及雙重朱古力味）：22 塊
- 濃奶油：200 克
- 糖粉：20 克
- 奶油芝士：400 克

模具

- 活底 7 英寸蛋糕模具

① 把 9 塊奧利奧用攪拌機打碎，或者把它放入密封袋，用擀麵杖擀碎。把牛油放入一個小碗，隔水加熱至融化。把融化的牛油加入奧利奧餅乾碎中，攪拌均勻。取活底 7 英寸蛋糕模具，烘焙紙剪成圓形墊底。把混入牛油的奧利奧餅乾碎倒入模具中，用擀麵杖一端按壓結實，入冰箱冷藏。

② 取 6 塊奧利奧餅乾，把中間的夾心用牛油刀刮下來待用。餅乾用攪拌機打成細粉狀，待用。奶油芝士放入容器中，加入糖和取出的奧利奧夾心，拌勻。倒入濃奶油，用攪拌機攪勻，再倒入一半餅乾末，攪拌均勻。注意不要過度攪拌，避免奶油芝士變得太硬。

③ 取裱花袋，裝入芝士，剪去裱花袋尖端，口可以稍微開大些，擠的時候不那麼費力。把模具從冰箱取出。從中間向邊緣轉圈擠出芝士，鋪滿底部。取 6 塊香草夾心奧利奧，1 塊放置在中心位置，另外 5 塊圍繞中間的那塊轉圈擺放。用裱花袋小心填滿餅乾之間的空隙，然後再轉圈覆蓋餅乾。再取 6 塊雙重朱古力奧利奧，重複上面步驟。如果你的蛋糕模子很深，那麼可以做 3 層。

最後用芝士把餅乾完全覆蓋。用保鮮紙包好，入冰箱冷藏過夜。經過一夜的冷藏，蛋糕裡的奧利奧餅乾已經變軟，這樣切蛋糕時就不會有阻力。所以，這款蛋糕最好提前製作。

④ 第二天，取出蛋糕。用一塊熱毛巾，圍繞蛋糕模具片刻，這時就可以乾淨地脫模了。蛋糕置於平盤。取小篩子，把剩餘的另一半餅乾屑均勻地撒在蛋糕面。用餘下的 4 塊餅乾做裝飾。撒少許糖粉，蛋糕就做好了。

切蛋糕時，把刀在熱水裡浸泡片刻，擦乾，切的時候就乾淨利落，像蛋糕店賣的一樣整齊好看。切開的蛋糕可以看見明顯的層次，奧利奧的朱古力風味與濃厚的芝士相得益彰，入口即化。

醬牛肉

2月19日

小雨　9°C

這幾天北大西洋帶來了連續幾天的丹尼斯風暴，天空總是陰暗的。蘇格蘭和威爾斯臨海地區發生水災，許多人家被水浸。人們總是抱怨英國的天氣多變，其實多變也有好處。雖然早上大多陰暗潮濕，但是通常十點左右就會放晴，明媚的陽光頓時把情緒從低谷提升起來。就像打了你一巴掌，再給你個甜棗，對比之下，棗子特別甜。經歷了早晨的灰暗，才能充分珍惜午後的艷陽。另外，鄰居見面，或是與陌生人交談，天氣總是最好的話題。如果像洛杉磯一樣天天藍天白雲，除了少了寒暄的話題，恐怕也會覺得一成不變的好天氣很無聊。

英國超市的牛肉多是不同部位的牛扒，有西冷、肉眼、牛腿和菲力等，切好獨立包裝，看起來乾淨，精細，就像西方人一樣，禮貌而有距離感。我想要買一大塊的牛肉，用來燉煮，無論是燉蘿蔔馬鈴薯還是番茄，都是熱氣騰騰，肉汁滿溢，味道香濃的。今天在唐人街超市買了一個牛腱子來滿足我的慾望。

麥兜說過：「即使是一塊牛肉，也應該有自己的態度。」牛肉料理中最有態度的，竊以為非醬牛肉莫屬。武俠小說中的好漢在風雪交加的夜晚，進入一家小客棧，總是點「二斤熟牛肉和一壺好酒」，這「俠客套餐」妙在何處？

醬牛肉須選上好的牛腱肉，肉質結實，牛筋勁道。醬好的牛肉，切成薄片，透明的筋和醬紅的肉相間，煞是好看。入口勁道鮮香，每一塊都連筋多汁，每一絲紋理中都飽含了滷汁的醬香。吃醬牛肉，樂在咀嚼。好的醬牛肉不需要沾任何醬汁，肉本身的鹹香就足夠惹味，如果還碰巧連帶一點透明的膠狀滷汁，那就更是讓人銷魂。醬牛肉是絕佳的下酒菜，就像「俠客套餐」那樣。然而，酒未必一定是中式烈酒，配紅葡萄酒再加幾顆橄欖，同樣風味十足。

醬牛肉可謂懶人的恩物。在寒冷的深夜，飢腸轆轆，下一碗麵，切幾大片牛肉，撒一把切碎的香菜，淋一勺辣椒油，便是有態度的孤獨盛宴；或者，匆忙的早上，一碗熱粥配幾片醬牛肉，就是滿滿的能量；如果有知己來訪，不妨也切一盤，把酒言歡，煩惱皆散。

三醬三滷，慢功細活是做好醬牛肉的秘訣。三醬之第一醬是將牛腱子在醬油中浸泡過夜；第二醬是燉煮時下豆瓣醬；第三醬是加豆腐乳。這樣醬出來的牛肉醬香十足，鹹香入味。三滷是指燉煮一小時後，冷卻，再加熱至沸騰，再冷卻，如此這般重複三次。這樣牛肉既能充分吸收醬汁，又不會過度熟爛，即軟嫩多汁，又保證切片時不散亂。

做好的醬牛肉馬上就可以吃。但冷卻後，從醬汁中撈出，放冰箱冷藏過夜後的風味最佳。所以，強烈建議提前醬好，供第二天享用。

CHINESE BRAISED BEEF SHANKS ソースビーフ 醬牛肉
SHANKS ソースビーフ 醬牛肉 CHINESE BRAISED

醬牛肉

Chinese Braised Beef Shanks

份量

- 8 人

材料

- 牛腱肉：1.5 公斤
- 生抽：200 毫升
- 老抽：100 毫升
- 花椒：5 克
- 八角：4 個
- 桂皮：1 根
- 草果：1 個
- 香葉：4 片
- 陳皮：1 片
- 乾辣椒：6 個
- 生薑：40 克
- 豆瓣醬：160 克
- 白豆腐乳：3 塊
- 冰糖：30 克
- 鹽：適量

① 如果一整個牛腱子超過 **1** 公斤，就從中間縱向剖成兩半，這樣容易入味。牛腱子洗淨泡冷水 **3** 小時，去除血水和腥味。瀝乾水分，放入容器，倒入 **200** 毫升生抽和 **100** 毫升老抽，蓋上保鮮紙，入冰箱冷藏過夜。

② 第二天取鑄鐵鍋，把牛肉和醬油一起倒入，加清水沒過牛肉，牛肉煮熟會膨脹，所以水要放足。水煮開後撈去浮沫，再加入所有調料，小火燉煮 **1.5** 小時。燉肉時一定要小火，保持似開不開的狀態，這樣肉不會散。

③ 關火冷卻 **1** 小時，讓肉充分吸收肉汁。然後再煮至滾，關火冷卻，最後煮半個小時，關火，讓肉在湯中冷卻。完全冷卻後，將牛肉撈出來，放入冰箱冷藏。

滷肉的湯汁裡滿是牛肉精華，冷卻後呈果凍狀。用保鮮袋分開幾份，放入冷凍格保存。如果想吃牛肉麵，就拿出一袋煮麵，配切片的醬牛肉，就是一道地道的牛肉麵。

法蘭克福腸仔包

2月22日

晴　10°C

最近天氣變暖，今天檢查了一下儲藏的大理花根莖。去年11月，我把這些張牙舞爪的根莖從地裡掘出來，放進一個紙箱，用土埋上，確保冬天不會遭遇霜凍。這些大理花真是我的寶貝，有幾株品種特別好，有的花白中帶淺紫，有的黃燦燦的，有的紫紅鑲了一圈白邊，有的圓溜溜呈蜂窩狀，都是類似巴掌大的花朵，開起花來華麗熱鬧，像一群漂亮快樂的女伴，嘰嘰喳喳地陪了我一整個夏天。

時隔數月，根莖都完好無缺地沉睡著，有些紅色的芽頭隱隱地鼓出來，看來今年可以早一點在溫室育苗了。可以提前育苗的還有黃瓜和番茄，英國的夏天短，早點育苗可以多些收穫。

早上一邊和麵，一邊望向窗外，有一對白藍相間的喜鵲在花園裡跳來跳去，這裡啄啄，那裡看看。有時我的菜會被不明動物連根拔起，有鄰居說可能就是喜鵲幹的。這裡的喜鵲個頭大，圓頭圓腦的很可愛。還有對羅賓鳥，我家花園是牠們的領地，牠們總是在柵欄上跳躍，啄食餵食器裡的穀粒瓜子。夏天，只要我在花園耕種，就會看見這對羅賓。牠們盯著我挖土，不時地飛下來啄食蚯蚓，嘴裡一下能叼好幾條蚯蚓，一會兒飛走又再來，估計是把蚯蚓餵了寶寶。今天，這兩位停留在我藤架上的小鳥屋上，其中一隻歪著小腦袋向小屋裡張望，另一隻站在藤架上，挺著橙紅色的胸脯「啾啾」地叫著。於是，我幻想牠們會選擇在我的小鳥屋裡築巢，還為這一可笑的想法興奮了好一陣子。

我有很多關於香港的記憶，雖然住過很多地方，但唯獨香港給我留下了深刻的印象，香港的飲食文化對我影響最大。記得每天接孩子們放學，總要去麵包坊買麵包當第二天的早餐。腸仔包是孩子們喜歡的品種之一，也是香港麵包坊的常備產品。只是我覺得麵包坊的腸仔包裡的香腸品質不高，不好吃。在香港的時候，根本就沒想過自己焗麵包。現在自己做，選用上好的法蘭克福腸，製成的腸仔包比麵包坊的好吃很多。

剛出爐的迷你腸仔包，是多麼可愛呀，就像產房裡一排排的嬰兒一樣，裹在金黃色的毯子裡，麵包鬆軟可口，香腸鮮嫩多汁，一口咬下去，張著嘴哈出熱氣，啊，好好吃呀。這時，吃麵包的人會笑彎了眼睛，一口一口地停不下來。

FEATURE
OF YOU

法蘭克福腸仔包 FRANKFURT SAUSAGE ROLLS ソーセージロール

法蘭克福腸仔包

Frankfurt Sausage Rolls

份量

- 12 個

材料

- 高筋麵粉：250 克
- 牛油：30 克
- 鹽：6 克
- 糖：15 克
- 雞蛋：1 個
- 牛奶：120 毫升
- 酵母粉：3.5 克
- 法蘭克福腸：6 條

掃麵包表面：

- 雞蛋黃：1 個
- 牛奶：10 毫升

① 用麵包機把製作麵包的乾濕材料混合成麵糰，開啟發麵功能，也可以用手揉，但牛油須先軟化。通常 **1.5** 小時，麵發好，轉移到麵板上。分成 **12** 等份，待用。

② 把香腸切成兩半。取一塊麵糰，搓成長條狀，長度大約是香腸的 **2.5** 倍。把麵包條纏繞在香腸上，固定好頭和尾，放在焗盤上。

③ 取一個雞蛋黃加 **10** 毫升牛奶，攪拌均勻，用刷子掃上麵包。最好在二次發酵之前完成，這樣防止碰塌麵包。

④ 焗爐預熱至 **180℃**，焗約 **23** 分鐘，即成。焗好的腸仔包可以放在密封的容器中保存幾天。如果嫌隔天的不夠軟，放入微波爐加熱 **20** 秒就又變得柔軟可口了。

南瓜籽糖

2月24日

雨轉晴　13°C

今天早茶，喝雲南古樹白茶。好茶很多，但「體己茶」不多。衡量一款茶有多「體己」，就看你喝的頻率和對這款茶的熱情能保持多久。有些茶，初次品飲非常驚艷，但喝久了，習慣了之後，就沒有了當初的新鮮感；有些茶，是很好喝，怎奈價格太貴，太稀有，也不能常常喝；有些茶，味道獨特，卻只產在某個特定季節，也不夠「體己」。

然而，總有些茶，價格不貴，卻有絕佳的風味，讓人時時想念，在不知道喝什麼茶的時候會自然想到它，這就是「體己茶」。還有一種「體己茶」，是好朋友投我所好，送給我的。這茶必定是我喜歡的種類，或是口味獨特，或是品質高端。這些收禮得來的「體己茶」有一種特殊的功能，就是每一次喝都會令我想起送茶人。久而久之，我會把茶葉的香氣和味道與這些朋友聯繫起來。某君豁達豪爽，似他的龍井清冽甘甜；某君溫暖稚氣，像他的碧螺春清香鮮爽；某君成熟穩重，像他的老六堡醇厚豐盈；某君睿智過人，似他的鳳凰單叢韻味悠長。如此的「體己茶」是我的最愛，每一次舉杯輕啜都好像與老朋友相聚，說一聲「別來無恙」。

今天這款雲南古樹白茶也拜朋友所賜，山野氣息濃厚，口感飽滿溫厚，杯底留香，齒頰生津。它不像政和白茶那樣香氣高昂，也不似福鼎白茶一般綿柔清雅，卻有著雲南廣闊大地的誠懇與豪邁，飄著雲南陽光下的蜜香果香。它讓人想起洱海的浩瀚飄渺，令人懷念撫仙湖的浪漫清澈。一杯入口，韻味纏綿。

好茶還須配好吃的茶點。來一塊新做的南瓜籽糖，每一口都是滿滿的香酥脆甜。南瓜籽是營養價值極高的神奇食品，除了降血壓，降血糖的功效外，男人吃了保護前列腺，女人吃了皮膚光潔。單吃南瓜籽，可能很多人都不喜歡，但是把南瓜籽做成糖，樸實的食材就搖身一變成了人間美味。

南瓜籽糖容易做，材料簡單。除了白糖外，還添加了少量麥芽糖，這樣做成的糖不但酥脆，還略有彈性，口感更好。這麥芽糖金黃剔透，質地粘稠，用筷子撩一下，拉出長長的絲。記得小時候學校門口有賣一種叫做「糖稀」的東西，主要原料就是麥芽糖。賣糖稀的老太太用兩條小棍子攪著一塊糖稀，一拉一抻，轉個圈合起來，再拉，看起來很過癮。記得還有不同顏色的，有白的，粉紅色的。有的小孩玩夠了就一口吃掉。因為家裡沒錢，媽媽又嫌糖稀攪來攪去不衛生，所以我從來沒買過。現在我用筷子攪著金黃色的麥芽糖，拉開又卷起來，玩了好一陣子，算是彌補了童年的遺憾。

籽糖 PUMPKIN SEED CANDY かぼちゃの種のキャンディ 南瓜籽糖
CANDY かぼちゃの種のキャンディ 南瓜籽糖 PUMPKIN SEED

南瓜籽糖

Pumpkin Seed Candy

份量

- 16 塊

材料

- 南瓜籽：250 克
- 白糖：100 克
- 水：100 毫升
- 麥芽糖：60 克
- 鹽：2 克
- 油：10 毫升

① 南瓜籽用鐵鍋小火炒熟，待用。熟了的南瓜籽會鼓起來，但千萬不要炒過頭，否則會有苦味。

② 白糖和水先下鍋，中火煮。麥芽糖也加進去，攪拌均勻。觀察糖的變化，當鍋中滿是泡泡，而且噪音很大，用筷子攪幾下，提起筷子，形成一條細細的絲，可以拉伸不易斷，就是熬好了。或者，滴一滴糖進冷水中，糖馬上凝結成一個糖珠子，也代表熬好了。

③ 糖熬好後關火，加鹽和油，攪拌均勻。趁熱，快速把南瓜籽倒入糖漿中，攪拌均勻。動作一定要快，因為糖很快就會凝固。

④ 取一個方形容器，掃少許油。再把混合好的南瓜籽和糖漿倒入方形容器中，用工具壓實，我是用擀麵杖的一頭，把糖輕輕壓緊。等稍微冷卻，倒扣過來，方形的糖很容易脫模。還有餘溫的時候，切割成小方塊，密封保存。

墨綠色的南瓜籽糖，香甜酥脆，可否送給遠方的朋友，以表謝意？

MAR

1752年以前，羅馬曆法和古英國教會日曆中，3月是第一個月。一年的第一天從3月25日開始。蘇格蘭於1599年開始把第一個月改為January。羅馬人把3月叫馬迪烏斯（Martius），以羅馬戰爭之神馬爾斯（Mars）命名。馬爾斯原本是羅馬神話中掌管繁殖與植物之神，也是牲畜、農田和農夫的守護神。安格魯薩克森人叫3月為「Hlyd Monath」之月，意思是暴風雨之月。

英語有「瘋如3月兔」（Mad as a March Hare）的說法，指的是兔子在3月交配，此時的雌兔和雄兔會打成一團。《愛麗絲漫遊仙境》中描寫愛麗絲遇見白兔時，覺得兔子的行為反常，就像「3月瘋兔」般。

3月1日：聖大衛日 / 3月17日：聖派翠克節 / 3月25日：女士節

雞肉丸果味醬汁丼飯

3月3日

小雨轉晴　9°C

今天游泳回來的路上，發現有些人家的花園裡的櫻花已經悄然開放，水靈靈、粉嫩嫩的。有個別茶花也笑盈盈地打開花瓣，春天真的來了。我家門前的那叢迷迭香熬過冬天的霜打，開始抽出新綠的針葉，散發出陣陣清香。旁邊的那些鳶尾花把一片土地成了藍色。幾株風信子開滿一串串鈴鐺般的小花，水粉、雪白、玫瑰紅，還有藍紫色，風一吹，彷彿就叮叮噹噹地響了起來。有的花莖不堪重負向一側倒下，於是剪下幾株，插進花瓶置於書枱上，頓時整個房間都香起來。

路過超市，買了一盒火雞腿絞肉，打算做雞肉丸子飯。火雞是英國超市的常見肉類。用火雞腿絞成的肉餡口感比較嫩，但是肉味不夠濃。所以用火雞肉做丸子，重在調味。雞肉丸子通常用來燒烤，記得日劇《孤獨的美食家》中，五郎曾經大吃烤雞肉串，在七種烤雞肉串中，雞肉丸串配青椒給我的印象最深刻。他把雞肉丸子從竹籤上擼下來，放一顆肉丸在一片青椒上，青椒自然的碗形凹陷正好承托著丸子，一口吃下，青椒的脆爽搭配鮮嫩多汁的雞肉丸，咀嚼起來充滿矛盾與妥協，別有一番趣味。

截然不同的食材互相作用，從對立轉化為和諧，為味蕾開創全新的體驗。劇中還有一對父女，大人小孩都熟練地點了自己喜歡的肉串，站在小攤邊靜靜地吃。那味道將深深地刻在小女孩的心裡，成為童年的記憶和家鄉的味道。

今天的雞肉丸，以香煎代替燒烤，配果味醬汁，鋪在白米飯上，做成丼飯，是一頓既簡單又豐盛的晚餐。要避免雞絞肉在烹飪過程中變得又乾又柴，秘訣在於加入山藥泥，這樣的雞肉丸軟嫩可口，搭配加了蘋果的醬汁，滋味清新又有深度。

A Separate Peace
的和平
诺尔斯（John Knowles）◎著
赵苏苏◎译

果味醬汁丼飯 CHICKEN TSUKUNE DON 鶏つくね丼 雞肉丸果味醬
ICKEN TSUKUNE DON 鶏つくね丼 雞肉丸果味醬汁丼飯 CHICKEN

雞肉丸果味醬汁丼飯

Chicken Tsukune Don

份量

- 4 人

材料

雞肉丸：

- 雞絞肉：450 克
- 鹽：1/2 茶匙
- 雞蛋：1 個
- 小蔥：1 根
- 薑：3 克
- 糖：1 茶匙
- 醬油：1/2 大匙
- 山藥：50 克

醬汁：

- 料酒：2 大匙
- 味醂：2 大匙
- 醬油：2.5 大匙
- 黑糖：1 茶匙
- 大蒜：1 瓣
- 薑：5 克
- 蘋果：1/4 個

配菜：

- 西蘭花：適量
- 甜豆：適量
- 荷蘭豆：適量
- 紅蘿蔔：適量

- 米飯：4 人份量

① 蔥切碎，薑磨成薑蓉，山藥打成泥，把山藥泥、雞蛋及所有調味品加入絞肉中，順時針轉圈攪動，直到雞肉變得有粘性。

② 調製醬汁。把所有材料放入攪拌機，打成醬，待用。

③ 平底鍋下油，油熱後，一邊捏丸子，一邊下鍋。把雞肉丸子小火煎至金黃，下調味醬汁，小火煮開，當醬汁變得濃稠時，就可以熄火出鍋。

④ 蔬菜白灼後過冷水。

⑤ 取一寬口大碗，盛半碗米飯，把雞肉丸擺在飯上，擺上蔬菜，澆上醬汁，即成。

用味噌、紫菜和豆腐煮一鍋紫菜豆腐味噌湯，配丼飯一流。

法式蘋果撻

3月4日

晴　9°C

今天，一切如常，一個普普通通的大晴天。天空是藍的，太陽是金色的，水仙花是艷麗的，風信子是幽香的，但我的心是沉的，一直沉到地中海的海底。彷彿又看見克里斯汀站在南法的艷陽下，瞇起眼睛，向我舉杯。今天是他的生日。

克里斯汀是我碩士論文導師、銀行家，辭去大學教職之後一直管理自己的私募基金公司，多年來亦師亦友。那年我去南法的佩皮尼昂拜訪他時，他已經病入膏肓，準備接受第三次化療。可是他依然熱情地帶我到處吃喝玩樂，白天我們開著他的敞篷平治跑車在南法的金色陽光下奔馳，晚上與朋友們一起享用他私人酒窖裡珍藏的紅酒。我們把周邊的米芝蓮星級餐廳吃遍；

站上法國最南端的海角；還在西班牙的海濱小鎮漫步，在地中海蔚藍海岸無盡的藍色中暢談。他說，他的人生從得了癌症那一天才真正開始。致命的疾病讓他認識到生命的真諦，體會到了親人的可貴。那一次見面，是我畢業 15 年來唯一的一次，也是最後的一次。

那是四月的一天，一下火車就感到暖風鋪面，微微的海水鹹味混合了陽光的味道，沐浴在如此奢侈的陽光之下，我這個英國來客立刻擺脫陰霾，心甘情願地委身於這地中海的驕陽下。

法國南部蔚藍海岸被認為是世界上最奢華、最富有的地區之一。是世界上眾多名人、富人的居住地。佩皮尼昂市位於法國最南部，東臨地中海，西連比利牛斯山，距離西班牙 25 公里，在 1659 年前一直是西班牙城市，這裡法西兩種文化交融，西班牙味十足。

克里斯汀的家是一座郊區大宅，建於 1850 年代，170 多年的滄桑卻也難掩她的絕代風華。推開厚重的大門，偌大的客廳展現在眼前。裝修古樸典雅，富有田園風格。穿過就餐區，下兩個台階，是另一番天地。歐洲品牌設計師設計的沙發和椅子靜靜地臥在日光下，兩架大鋼琴一左一右地佇立著，一個現代，一個古老，為這個摩登的休憩區增添了濃厚的古典文藝氣息。特大落地窗戶，望向鬱鬱蔥蔥的後花園。陽光從 3 個排成一排的天窗肆意泄下，坐在沙發上，每天的任務就是要盡情享受這一年足足 300 天的艷陽。

為了答謝克里斯汀的款待，我誠意要求為他和他的朋友舉辦一次家庭聚會。他興奮地邀請了古建築修復專家艾倫和他太太伊芙琳。

星期日的中午。太陽一如既往的閃耀著，艾倫和伊芙琳走進客廳，每個人給了我一個大大的擁抱和幾聲響亮的吻。艾倫戴了一副玳瑁框眼鏡，手提電腦包，隨意的便裝。伊芙琳把她親手製作的蘋果撻送到我手裡，豐腴白皙的臉上滿是笑容。

克里斯汀親手切了水蘿蔔片，又拿出一些醃製好的橄欖，分別置於小碟子內。香檳是附近山上酒莊的優質出品，頭天晚上冰箱裡冰鎮過的。我們談天說地，好不快活。

我當然是大廚，獻上了美味的鍋貼。克里斯汀則從酒窖裡請出珍藏的紅葡萄酒。那來自露喜龍（Roussillon）的紅酒顏色深，單寧味強，入口優雅細緻，又不失精妙，是南部天堂的熱情奔放，和法國式的豐富細膩的完美結合。餐後，我們享用了中國茶和伊芙琳的蘋果撻。法式蘋果撻用料簡單，卻出奇地好吃。掛了一層焦糖的蘋果入口柔軟濕潤，酸甜可口，鬆脆的餅皮奶香十足。吃著喝著談著，氣氛輕鬆得讓人的心神一不小心就跌入那片碧藍的地中海。

今天，我強烈渴望再現伊芙琳的蘋果撻。不一會兒，廚房就充滿了蘋果和酥皮的香氣。切一角蘋果撻，倒一杯香檳，坐在窗前的餐桌邊，閉上眼睛，讓春日的暖陽撫摸我的面頰，口中那迷人的味道像哆啦A夢的隨意門，把我帶回蔚藍海岸，與克里斯汀碰杯。

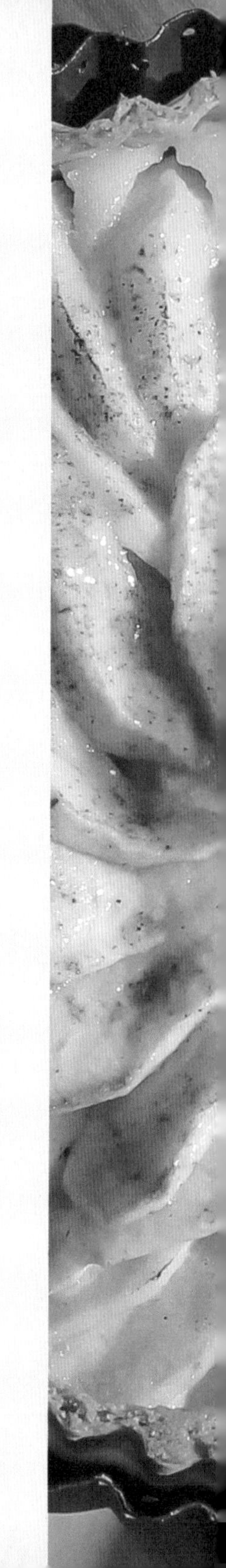

蘋果撻 FRENCH APPLE TART フレンチアップルタルト 法式蘋果撻
LE TART フレンチアップルタルト 法式蘋果撻 FRENCH APPLE TA

法式蘋果撻

French Apple Tart

份量

• 10 英寸

材料

牛油酥皮：

- 普通麵粉：200 克
- 黃晶糖：2 大匙
- 無鹽牛油：100 克
- 雞蛋黃：1 個
- 冷水：2 大匙

蘋果泥：

- 蘋果：3 個
- 無鹽牛油：25 克
- 水：1 大匙
- 黃晶糖：2 大匙

蘋果餡：

- 蘋果：3 個
- 檸檬汁：1 大匙
- 無鹽牛油：15 克
- 黃晶糖：1 大匙

- 杏肉果醬：適量

① 先做撻皮。用手將麵粉、糖和已軟化的牛油和勻成絮狀。在麵粉中間弄一個凹陷。把雞蛋黃和水打勻，倒入凹陷，用手和麵，直到成團。如果太乾，還可以加幾滴水。再把麵糰整理成扁平狀，包保鮮膜入冰箱冷藏半小時。

② 把麵糰擀成約 **3** 毫米厚的圓形餅皮，大約是一英鎊硬幣的厚度。然後將撻皮搭在擀麵杖上，拎起來蓋在模具上，撻皮入模後，用手輕按底部，撻皮應多出模具邊緣約 **0.5** 厘米。放入冰箱冷藏半小時。

當然，若超市有撻皮售賣，買現成的也可以，不一定要自己做。

③ 焗爐預熱至 **170°C**，剪一個比模具稍大的圓形烘焙紙，放在撻皮上，再放入烘焙石頭壓住撻皮，入焗爐焗 **10** 分鐘。取出烘焙紙和烘焙石頭，**160°C** 再焗 **5** 分鐘，直到撻皮呈金黃色。這時可以切去邊緣多餘的撻皮，冷卻待用。

④ **3** 個蘋果切粒，加水和檸檬汁浸泡，防止蘋果變色。取小鍋，下牛油、水、糖和蘋果粒煮開，加蓋小火煮 **5** 分鐘，直到蘋果變軟，繼續蒸發水分，用叉子搗爛蘋果，做成蘋果泥。把蘋果泥塗在撻底。

⑤ 另外 **3** 個蘋果去核，切成四瓣，再切薄片，一片搭一片地轉圈擺在蘋果泥上。把剩下的牛油加熱，用刷子刷在蘋果上，撒上糖。焗 **35** 分鐘直到蘋果變成金黃色，邊緣顏色稍深即可。

杏肉醬加少許溫水，攪拌均勻，用刷子刷在蘋果撻表面。這樣蘋果撻看起來亮晶晶的，勾人食慾。

法式蘋果撻做好了，如果伊芙琳知道了，大抵會開心吧。克里斯汀，你聞到蘋果撻的香氣嗎？

翡翠白玉湯

Diary 29 SPRING / MARCH

3月6日
晴　10°C

今天早上冷極了。外面像下了一層霜，車身都結了一層薄冰。

游泳回來，照例是飢腸轆轆，忽然想吃白菜豆腐。雖然白菜豆腐還有一個好聽的名字：翡翠白玉湯，但畢竟是平淡無奇的東西，如此令人想念，也好生奇怪。媽媽最喜歡吃白菜豆腐。幾乎每次打電話，問她今天吃什麼了，她經常會說，燉了一鍋白菜豆腐，放了點蝦皮，好吃。

去年媽媽來英國，回去的時候我去機場送。她坐輪椅，由機場工作人員推去電梯，告別就在電梯口，還有另外兩位中國老兩口也被推上電梯。料到她肯定會哭，於是硬下心腸說：「有啥好哭的，也不是再見不到了。」她掉下眼淚，說：「再來不了了。」旁邊一位送機的女子聽說歎息道：「是呀，歲數大了，再難來了。」我心裡一沉，媽媽 80 歲了，人生無常，眼睛一酸，也模糊了。

媽媽從來就是個獨立的人。當了幾十年的護士，她對小病小痛從不擔心，也能忍耐。她獨自坐飛機，轉機，和我去了不少地方旅行。我喜歡帶媽媽一起旅行，她隨和，不挑剔，是一個好旅伴。我們一起去過香港、澳門、新加坡、台灣、廈門、青島、北京、上海和蘇州等。去年我們還乘坐了郵輪遊覽挪威海峽，一起踏上了蘇格蘭高地。

印象最深的是台灣之行。我們一起住在九份的民宿，她那時還能爬上掛滿大紅燈籠的九份山路；我們一起坐平溪小火車，看放天燈，在十分瀑布邊小憩；她愛上了台灣牛肉麵，至今念念不忘。旅途中累了，她就找個地方坐下休息，對我說：「你去玩吧，我就在這兒等你。」

這兩年，她老得快了。心理上也開始依靠我們，記憶力衰退，膝蓋疼痛，不能遠行了。以前，經常做飯給我吃的媽媽，現在要我做給她吃了。她總是誇我越來越會做飯了，不管我做什麼，她都說好吃。

媽媽還是對樸素的食物情有獨鍾，在東北住慣了，白菜豆腐是日常的美食。我們通常忽視常吃的食物，不覺得有什麼特殊。但是，每當你有一陣子不吃這種普通食物的時候，就會想念起它，比如說，白菜豆腐、黏玉米、克東豆腐乳……名單很長。

蔥花蝦皮爆鍋，炒炒白菜，添水煮滾，加入豆腐。綠葉的白菜和嫩白的豆腐，清湯飄著油花，喝一口，又鮮又潤，是家鄉的味道，是媽媽的味道。

TOFU CABBAGE SOUP 豆腐とキャベツのスープ 翡翠白玉湯
SOUP 豆腐とキャベツのスープ 翡翠白玉湯 TOFU

翡翠白玉湯

Tofu Cabbage Soup

份量

- 1 人

材料

- 白菜：5 片
- 豆腐：100 克
- 蝦皮：1 湯匙
- 魚蛋：4 粒
- 小蔥：1 根
- 橄欖油：適量
- 鹽：適量
- 白胡椒粉：少量
- 雞粉：適量

① 小蔥切成蔥花，白菜切條，豆腐切片。

② 熱鍋下少許橄欖油，爆香蔥花和蝦皮，下白菜炒香。加入高湯或水，加蓋煮開至白菜變軟。下魚蛋和豆腐，煮 **2** 分鐘，加鹽和胡椒粉。如果加的不是高湯，放少許雞粉提味。

一大碗翡翠白玉湯，配少許米飯，一個人的午餐，暖洋洋的幸福。

蛋包飯

---

3 月 16 日

晴　12°C

前幾天聽到的那首《坐在灣邊的港口》（*Sitting on the Dock of the Bay*），歌手奧蒂斯．雷丁（Otis Redding）花了長達 5 個月的時間創作。1967 年 12 月 7 日，雷丁完成了錄音。令人扼腕的是，3 天後他墜機身亡，年僅 26 歲。

一首歌影響幾代人，今天這首歌仍舊觸動人們的心靈。當雷丁享受著坐在海灣碼頭的恬靜時光時，他並不知道這首歌的完成就是生命的終結。當我每天早上迎著朝陽打開窗，坐在早餐桌前喝下一杯熱咖啡時；當我目送孩子們上學去，坐在書桌前看書寫作時；當我和家人共進晚餐，陪孩子們一起做功課時，我都心存感恩。

每天都要為家人準備一頓豐富的晚餐，其實是一道不簡單的課題。既不能重複前兩天的食物，又要考慮到孩子成長的營養需求，不能將就；而且家庭成員的喜好不同，要照顧到每一個人的口味，保證每人都有喜歡的菜，都能吃飽。在連著幾天吃中餐，意大利粉也剛剛吃過後，我有點黔驢技窮了。想來想去，不如做蛋包飯，簡單、味美，又有營養。

我們經常吃的蛋包飯是和風洋食，就是日本改造西方美食，而形成的具有日本地方特色的食品。蛋包飯的原型是法國的歐姆蛋，就是煎雞蛋中包裹蘑菇、火腿、煙肉、洋蔥等各種餡料，西方人通常用來當成早餐。明治時代，日本開始接受大量西方文化，包括法國美食。歐姆蛋在日本被改造成煎雞蛋包裹番茄炒飯，再淋上番茄汁。番茄炒飯，除了番茄之外，還可以放一些自己喜歡的食材，比如洋蔥、豌豆、蘑菇、火腿、雞肉和煙肉等。

好的蛋包飯，雞蛋嫩黃軟滑，配鮮紅的番茄汁。用餐刀切開，紅色的番茄炒飯裡露出綠色的豌豆、黃色的玉米和粉色的火腿粒，讓人食指大動。送一勺入口，嫩滑的雞蛋下是口感豐富的炒飯，番茄的酸甜搭配火腿的鹹香，甜和鹹的碰撞激發出不可思議的和諧。仔細咀嚼，豌豆、玉米和洋蔥在牙齒的擠壓下迸出蔬菜特有的鮮甜，所有這一切都被番茄澆汁濃縮的酸甜再一次包裹，讓味蕾得到了最豐富的刺激。吃不停口的你，不禁心中暗呼：美哉！

飯 OMURICE オムライス 蛋包飯 OMURICE オムライス 蛋包飯 OM
ライス 蛋包飯 OMURICE オムライス 蛋包飯 OMURICE オムライス

蛋包飯

Omurice

份量

- 1 人

材料

- 雞蛋：3 個
- 白飯：1 碗
- 番茄：2 個
- 洋蔥：1/4 個
- 火腿：50 克
- 豌豆：15 克
- 玉米粒：15 克

- 番茄膏：2 大匙
- 茄汁：2 大匙

- 鹽：少許
- 蠔油：少許
- 橄欖油：適量

① 雞蛋打散，確保蛋黃和蛋清充分混合，這樣的蛋皮顏色均勻。

② 用刀在番茄頂部劃十字，放進滾水中燙 **2** 分鐘，取出剝皮，切成小粒。取 **1/3** 份量的番茄，去除番茄籽，用來炒飯。番茄籽水分比較大，炒飯時最好去除。去除的番茄籽瓤可以連同剩下的 **2/3** 番茄一起做番茄醬汁。火腿切粒，待用。

③ 鍋內放適量橄欖油，下洋蔥，小火炒軟。下番茄膏 **1** 匙、**1/3** 番茄粒、茄汁 **1** 匙、玉米粒、豌豆和火腿粒，炒香。出鍋放在容器中待用。

④ 鍋內下少許油，**2/3** 番茄粒下鍋，小火煸炒，下番茄膏 **1** 匙，茄汁 **1** 匙，少許水，攪拌均勻，少量糖和鹽，調味。待用。

⑤ 不粘鍋內放油，油熱，下一碗白飯，耐心地用鏟子撥開，切忌用鏟子壓米粒，這樣會破壞米粒的外皮，使得米飯粘在一起，炒不開。炒到米粒散開，下炒好的番茄、玉米粒、豌豆和火腿粒，炒勻。開始調味，放少許鹽和黑胡椒粉，少許蠔油，炒勻，熄火，待用。

⑥ 取一大號平底鍋，倒入橄欖油，可以稍微多一點油，油熱了，用筷子沾一點蛋漿在鍋底劃一下，如果蛋漿可快速凝固就代表溫度夠高，倒入蛋漿，用筷子快速攪拌幾下，當邊緣開始凝固的時候，就轉小火。把炒飯盛在雞蛋皮上，這時向上的一面雞蛋還未全熟，最有彈性。用鏟子把蛋餅的兩邊向中間摺疊。拿一隻大盤子，擺在鍋上，翻轉平底鍋，讓蛋包飯掉在盤子中央。

⑦ 最後，把茄汁澆在蛋包飯上，一盤金黃色的，熱辣辣的蛋包飯就做好了，再配味噌湯則更完美。

無論是作早餐、宵夜還是正餐，都是百分百的合適。其軟糯的口感也很適合孩子和老人。

奇異果梳乎厘

---

3 月 20 日

晴　11°C

今天又是一個大晴天，陽光明媚，小鳥唧唧地叫著。冬天生長緩慢的小草也煥發出了生機，突然就長了好多。想實驗一下春天種蘿蔔，看看會不會長得大一點，於是在前幾天播下的蘿蔔種子，今天發現種子已經發芽了。去年秋天種的蘿蔔個頭太小，但又甜又脆，非常好吃，我想是溫度低的緣故。

原本是一個可愛的春天，但是政府宣佈取消所有公開考試，這個消息對 A-level 和 GCSE 考生來說是巨大的打擊。然而，不考試，也未嘗不是好消息，不如做點好吃的慶祝一下長假的開始。於是打算做個梳乎厘，希望鬆軟和甜蜜能夠伴隨這個漫長的假期。

梳乎厘來自法國，法語叫做「Soufflé」，又叫「蛋奶酥」。這款甜點用料平常，最近成了網紅食品，而且價格不菲。剛出鍋的梳乎厘表面金黃鼓脹，疊得高高的，配鮮紅或翠綠的時令新鮮水果和潔白的鮮奶油。一刀切下去你能聽到蛋白泡沫破裂的絲絲聲，與奶油和水果一起送入口中，體會蛋糕的鬆軟即化、水果的鮮爽多汁、奶油的幼滑香甜，這是口感、味覺和視覺的盛宴。

梳乎厘通常配草莓、藍莓和紅莓，走紅色系。但是今天冰箱裡只有牛油果、奇異果和青檸，這反而是綠色系的絕佳組合。牛油果幼滑綿密的口感，配上奇異果的酸甜清香，加上青檸的激爽，再用蜂蜜來調和，無論從視覺還是味覺來說，都是絕妙的組合。

熱乎乎的梳乎厘上桌了，坐在早上的陽光下，喝一杯抹茶，吃一口蛋糕，這個春天令人難忘。

果梳乎厘 KIWI SOUFFLÉ キウイフルーツのスフレ 奇異果梳乎厘
イフルーツのスフレ 奇異果梳乎厘 KIWI SOUFFLÉ キウイフルーツ

奇異果梳乎厘

Kiwi Soufflé

份量

• 1 人

材料

• 雞蛋黃：1 個
• 糖：5 克
• 植物油：1/2 大匙
• 牛奶：1/2 大匙
• 自發粉：20 克

• 蛋白：1 個
• 糖：10 克

• 濃奶油：50 毫升
• 牛油果：1/2 個
• 奇異果：1 個
• 青檸：1/2 個
• 糖：適量
• 蜂蜜：適量
• 抹茶粉：少許

Recipe 31

SPRING/MARCH

① 牛油果、奇異果去皮切成小塊，留少許奇異果做裝飾。青檸榨汁，奇異果和牛油果連同糖和蜂蜜放入攪拌機打至幼滑。

② 蛋清和蛋黃分離。蛋黃加糖、牛奶和油打至顏色變淺，篩入自發粉，攪拌均勻呈半流動狀。如果太乾，可以增加少量牛奶。蛋白用打蛋器打至出現大泡，分兩次加入糖，打至堅挺。再把麵糊分三次加入蛋白，輕柔攪拌均勻。

③ 平底鍋小火加熱，掃上一層油，用匙羹把麵糊舀入鍋中，先把 **4** 匙麵糊分別放置在鍋的不同部位，中間留有足夠的空隙。第二次加麵糊時，把麵糊加在之前的麵糊上，如此這般慢慢疊加，直到放完所有麵糊。在鍋裡滴幾滴熱水，加蓋，用小火煎焗約 **5** 至 **6** 分鐘。

④ 第一面煎好後，打開鍋蓋，這時麵糊表層已凝固了一層金黃色的薄皮，用平鏟小心翻面，再滴幾滴水，加蓋。約 **4** 分鐘後，另一面也呈金黃色時，就可以出鍋了。

這一步的鍋子要夠大，麵糊之間留有足夠的空間讓鏟子來回翻動。如果太擠，翻面的時候就會不小心碰到，損壞表面。而且一定要用小火，否則底焦了，麵糊還沒熟。

⑤ 把梳乎厘放在平盤上，一個疊一個，共 **4** 層。盛 **1** 匙奶油放在一旁，再盛 **1** 匙牛油果奇異果醬，把奇異果放在果醬上和梳乎厘上做裝飾。撒少許抹茶粉。

好吃又好看的梳乎厘就做好了，趁熱吃吧。

肉骨茶

3 月 27 日

晴　14°C

今天的天氣太好了，太陽毫不吝嗇地曬在我的後背，空氣中飄著太陽的味道。對，太陽的味道，那種乾爽的、清新的，讓人深深吸入就會微笑的味道。在花園裡的椅子上坐著，補一補冬天缺失的維生素 D，是一天的小確幸。

趁著好天氣，我打算修剪一下草坪。整整一個冬天，草長得都很慢，最近天氣轉暖才開始瘋長。推著剪草機，太陽當頭曬著，揚聲器裡放著 Justin Rutledge 的 *Kapuskasing Coffee*，他慵懶悠閒的歌聲讓這個午後更有夏天的味道。我的後背開始出汗，修剪過的草地散發著濃濃的青草香氣，剪草雖然辛苦，但其實是一項讓人心曠神怡的工作。看著前後花園平整，翠綠的草地，我心裡盤算著，可以開始讓休眠了一整個冬天的大理花復甦了。

放在紙箱的大理花根莖靜靜地度過了冬天，我打開蓋子，掀起報紙的一角，一切都好。由於保存時噴了防止黴菌的藥粉，根莖個個乾淨整齊，有些已經冒出小芽了。我輕輕合上蓋子，讓它們再安睡幾天。

春天，萬物復甦，宜進補。於是想起了肉骨茶。說到肉骨茶，我就有一種暖洋洋的，飽飽的感覺。就像滿月的孩子剛剛吃完母乳，躺在媽媽的懷裡一樣，舒舒服服地，閉著眼睛，嘴巴還在一動一動的，粉紅色的小臉，有點皺，有點乾，但寫滿幸福。吃了肉骨茶就有這種滿足感。

然而，好吃的肉骨茶並不多。原來在香港的家附近有一家馬來餐廳，售賣地道的大馬餐食，有我喜歡的去骨海南雞，還有巴東牛肉飯，都不錯的。有朋友是馬來西亞人，我和她常常光顧這家餐廳。她愛那裡的椰汁飯，說蠻地道的。

但是，沒試過他家的肉骨茶。因為我基本不抱什麼希望，估計不會好吃。那天，我實在沒什麼吃，就一個人走去吃肉骨茶。門口買好單，坐下來等，不一會兒，侍應就端來一個砂鍋。揭開蓋子，熱氣撲面而來。細看，醬色湯裡面約有四五塊肉骨頭，兩塊三角形油豆腐，幾片薑，一兩粒煮得爛軟的蒜頭。旁邊配一碗白絲苗米飯，一杯鴛鴦。我迫不及待地吃起來，味道還蠻正宗的。只是嫌商家太小氣，弄多幾塊炸豆腐，或者配一兩條油條也好，最好下兩棵小油菜，這樣才豐富，不至於吃到後來，就是湯泡飯。

新加坡有家松發肉骨茶，是出了名的「必吃」。松發肉骨茶要點大碗的，排骨是一大長條的那種，必須用手拿著吃才過癮的。湯色並不是傳統的深醬色，而是胡椒味，湯色很淺但胡椒粉的味道很濃。畫龍點睛的是一小碟泡著小朝天椒碎的醬油，用來蘸排骨一流。

其實，肉骨茶很容易做，只要買對湯包，就是成功的一半。我選擇「瓦煲牌」的巴生肉骨茶，香港超市都有賣，有傳統口味的，也有類似松發的胡椒口味。

BAK KUT THE バクテー 肉骨茶 BAK KUT THE バクテー
バクテー 肉骨茶 BAK KUT THE バクテー 肉骨茶 BAK KUT THE

肉骨茶

Bak Kut The

份量

- 4 人

材料

- 肉骨茶湯包：1 個
- 排骨：1 公斤
- 整個大蒜：2 個
- 香菇：若干
- 油豆腐：適量
- 生抽：3 湯匙
- 老抽：3 湯匙
- 鹽：適量
- 胡椒粉：適量
- 白菜：適量
- 西芹：適量
- 小油菜：適量

- 白米飯：適量

① 排骨焯水後洗淨，與其他食材入湯鍋大火煮滾後，小火慢煮 **2** 小時。

② 西芹去掉外面的老皮，蔬菜不要用刀切，用手掰來放進煮好的湯裡稍煮一會兒就好了。需要注意的是菜吃多少，放多少，防止吃不掉，還要撈出來扔掉，因為泡在湯裡過夜就不好了。

③ 肉骨茶湯料內有當歸、黨參、桂皮、杞子和玉竹等滋補的中草藥，是進補的佳品。所以，不需要加太多配料，除了蔬菜外，必加的食材是油豆腐。油豆腐與蔬菜一起加入湯中。

④ 湯煮好了，大蒜要立即撈出來扔掉。如果要放過夜，裡面的湯包也要扔掉。

配上好的珍珠米飯，看著肉湯滲進晶瑩剔透的米飯中，也是一種享受。所以，不用去新加坡站在悶熱的大街上排隊吃「松發」，自己在家就能吃上美美的肉骨茶。不妨在關鍵時刻，就用手來吃，體會一下排骨，嘴唇，牙齒和手的關係，這種先天的協調，像音樂一樣有韻律感。這樣，你就會感覺到吃飽了的嬰兒那種滿足感。

APR

23

4 月的英文名「April」來自古希臘文「開」，有春天花朵盛開的意思。四月是草長鶯飛的春天，羅馬人把這個開花的浪漫之月獻給愛與美的女神維納斯。維納斯的希臘名字叫做「Aphrodite」，所以也有人認為這才是「April」的起源。在羅馬神話裡，維納斯不僅代表愛與美，同時也是豐饒多產之神。4 月，春天和希望一起到來，羅馬人希望維納斯能給羅馬帶來富饒豐收的一年。

歐洲把 4 月 1 日定為「愚人節」已有將近 5 個世紀。英國的「愚人節」惡作劇結束於中午時分。如果有人下午還玩這個把戲，就會反被人笑稱為「愚人」。蘇格蘭的愚人節本來叫「獵取布穀鳥日」（Huntigowk Day）。「Gowk」本意是布穀鳥，又指愚蠢的人。這一天的惡作劇受害者都被稱為「Gowk」。

在意大利、法國、比利時、瑞士和加拿大的法語區，4 月 1 日被稱為「4 月魚」（April Fish）。人們會把一條紙做的魚貼在被取笑的人的後背。報紙上也有假新聞，內容會提到魚來暗示這是愚人節的假新聞。

雞蛋三文治

4月1日

晴　18°C

今天太陽一如既往的好，隔壁院子裡的櫻花開了，一串串的粉紅，嬌嫩得很。一半樹枝越過柵欄伸進我家，就當我家也種了一棵櫻花樹。有些人不喜歡別人家的植物伸展到自己家的花園，就把鄰居的樹砍一半，可憐的樹變成「半壁江山」，成了「殘疾」。另外一邊的鄰居的丁香開花了，高高地，滿枝頭的紫色印在藍天上，煞是好看。他家的丁香種子落在我的花園，長出了小苗。我把小苗移進花盆，前年開始移進花圃，今年的高度已到我的肩膀，也長了花骨朵，就像看見自己的孩子長高長大一樣，讓人心生歡喜。

小時候我家門口有一片丁香樹，是灌木品種，每年春天的時候，走在門前的路上都是一路飄香。東北的丁香要5月才開，那時天氣會一下子熱起來，脫掉棉襖棉褲，走在路上身子都輕起來。丁香花香混和著溫暖的春風，還有淡淡的灰塵味，便是家鄉的味道。每當英國的丁香開放，我都會拍幾張照片分享到微信朋友圈，小時候的朋友都會爭相告訴我，東北的丁香還沒開花，但也快了。去年5月，小學同桌大為同學還給我拍了我老家門口丁香花開的照片。小時候的朋友是一生的朋友，雖然有的人已經完全改變，但是大為沒變，還是小時候的他，能有這樣的朋友，是一生的幸事。

我把院子兩邊的花圃清理乾淨後，還把土翻了，松松土，為種大理花做準備。牆頭的那隻羅賓鳥看見我翻土，又飛來了。牠轉動著小腦袋，撲撲翅膀，飛下來，一點頭，就啄到一隻蟲，這次牠直接吃了，沒帶走喂小鳥。牠挺著橘紅色的小胸脯，黑色的小眼睛亮晶晶地左右尋找，跳來跳去，不一會就吃了好幾條蚯蚓。

我把裝大理花的紙箱搬到院子裡，打開蓋子，拿掉覆蓋著的報紙，用噴壺給表面的土噴了一些水，今天天氣好，就讓陽光和水喚醒沉睡的美麗。

孩子們都不用上學，睡到很晚才起床。每個人吃早餐的時間都不同，乾脆讓他們自己學習準備早餐。這樣他們可以自己睡醒，自己做早餐，又自由又可以練習烹飪技術。做飯其實和游泳一樣，是一個人必須掌握的生存技能。我們往往忽視廚房教育，認為孩子只要學習好，有廣泛的藝術興趣就夠了。其實，廚房教育越早開始越好。英國的學校都有家政課程，隔周就有烹飪課，學習做蛋糕、餡餅等簡單食物。小兒子很喜歡，經常拿學校做的食物回家和我分享。

趁這個超長假期，我給兩個青少年上廚房課，讓他們學習基本烹飪技巧。兩個人都肯學，樂於自己掌握時間和食物。今天就教他們做雞蛋三文治。雞蛋三文治、火腿三文治和雞肉三文治是最常見的三文治。雞蛋三文治配上超軟麵包，看似平凡，卻讓人一試難忘，是我大兒子的最愛。

三文治 EGG SANDWICH たまごサンド 雞蛋三文治 EGG SANDWI
雞蛋三文治 EGG SANDWICH たまごサンド 雞蛋三文治 EGG SAN

雞蛋三文治

Egg Sandwich

份量

- 1 人

材料

- 雞蛋：2 個
- 蛋黃醬：約 4 大匙
- 白麵包片：4 片
- 洋蔥：少許
- 牛油：少許
- 鹽：少許
- 胡椒粉：少許

① 雞蛋放入冷水，煮到水滾，再用小火煮 10 分鐘，煮至全熟。洋蔥切細粒。麵包宜選擇軟白麵包，麵包越鬆軟，做成的雞蛋三文治的口感越好。

② 雞蛋煮熟，用冷水沖一下，剝殼，切成小粒。洋蔥粒放入一個大碗，加入切碎的雞蛋。這時候，雞蛋還是熱的，趁熱把雞蛋和洋蔥混合，這樣洋蔥受熱，可以去掉一些辣味和刺激的味道。加少許鹽、胡椒粉，大約 4 大匙蛋黃醬。蛋黃醬多一些，味道更好。攪拌之後，就成了雞蛋沙律。沙律呈粘稠狀，每一粒雞蛋都包裹上蛋黃醬，就差不多了。

③ 麵包片塗抹牛油，把雞蛋沙律分成 2 份，分別夾在 4 片麵包中。如果不喜歡麵包皮，可以切邊。用手輕按三文治，讓麵包和餡料粘合，然後切成 4 塊，可以切三角形，或方形。

新鮮柔軟的麵包與好的蛋黃醬是雞蛋三文治的關鍵。小小一個雞蛋三文治其實要求不少廚房技能。學習製作雞蛋三文治的過程中，孩子不但學會了煮雞蛋，如何掌握雞蛋的生熟度，還學會切洋蔥粒的方法、處理麵包和塗抹牛油，和切三文治的技巧。

如果你的孩子還沒開始學習廚房技能，為什麼不從三文治開始呢？

油炸糕

4月9日

晴　18°C

每天早上我都一邊聽 BBC 新聞，一邊做早餐。今天是 Good Friday，復活節假期的第一天，我想起了中國北方的油炸糕，於是打算炸一些來做早餐。高油高糖的食品，雖然不健康，但以「偶爾為之，逃避亂世」為藉口，也不為過吧。

油炸糕是東北地區的傳統糕點。我認為，紅豆餡的炸糕最好吃，糯米配紅豆是經典搭配，北方有紅豆糉子，南方也有紅豆糯米糍。

糯米糰子油炸的做法，除了油炸糕外，還有麻糰，在南方叫煎堆，是以糯米粉糰蘸上芝麻炸成，有空心的，也有包花生或豆沙餡的。煎堆歷史悠久，是宮廷糕點，初唐詩人王梵志有詩云：「貪他油煎䭔，愛若波羅蜜。」這裡的「煎䭔」逐漸演變成現在的「煎堆」。後來中原人南遷，把煎堆帶到南方，成為廣東著名的小食。

糯米炸糕還有「鹹味版」，就是廣式點心鹹水角，以豬肉、韭菜等做餡料，也是我的茶樓必點。

小時候在老家，有時候會買豆腐花、油條和油炸糕做早餐。那時候，我總是睡懶覺。起床後，吃上一碗豆腐花，再來一個油炸糕，就特別滿足。老家附近的菜市場有個賣油條和油炸糕的小攤子，早上買早餐的人大排長龍，現炸現賣。買了油炸糕，走在回家的路上就一邊走一邊吃。好吃的油炸糕，外酥裡嫩，紅豆沙甜得恰到好處，香甜之外，還有一絲淡淡的發酵酸味。發酵能給食物帶來豐富的味道，比如西方的酸麵包和東北的粘豆包。東北農家的粘豆包是大黃米麵包芸豆餡製成的，也有淡淡的發酵酸味。

類似糯米炸糕的還有北方的炸元宵。正月十五吃元宵，北方的元宵比南方的湯圓個頭大。小時候，家裡會買散裝的元宵，塑膠袋裝好掛在窗外，想吃的時候拿幾個。除了煮之外，還經常吃油炸元宵。炸好的元宵呈金黃色，有的裂開露出白色的糯米麵，比水煮的好吃。

油炸糯米糕需在糯米粉中添加適量的糖，這樣炸出來才是金黃色，否則炸好顏色偏淺。

糕 Deep Fried Sticky Rice Cake もちもち揚げ 油炸糕 Deep Fried S
e もちもち揚げ油炸糕 Deep Fried Sticky Rice Cake もちもち揚げ油

油炸糕

Deep Fried Sticky Rice Cake

份量

- 6 個

材料

- 糯米粉：140 克
- 粘米粉：60 克
- 白糖：30 克
- 酵母：2 克
- 溫水：210 毫升
- 紅豆沙：適量

① 乾材料混合之後，加入溫水，和成比較濕的麵糰。容器加蓋，醒發 **1** 小時。

② 紅豆沙搓成長條，裹上一層乾麵粉，切成 **6** 小塊，揉成圓球待用。

③ 糯米粉醒發好後比較乾，加適量的水，和勻。這時麵糰比較濕，手沾油比較好處理。把麵糰分成六個麵劑子，搓成球，壓扁，邊緣捏薄，放入 **1** 個豆沙球，用虎口收口包好。搓圓，按扁，一個生餅坯就做好了。

④ 加熱油鍋，油要盡量多些。油鍋 **6** 成熱時，可以把筷子插入油鍋，有小氣泡迅速升起時，就是 **6** 成熱。餅坯下鍋中火炸，當浮起來時轉小火，勤翻面。炸至兩面金黃，鼓起，就好了。注意油溫不能太高，否則會炸裂。也不宜炸太長時間，否則會硬。

⑤ 撈起控油，就可以趁熱吃了。一口下去「咔嚓咔嚓」，張口呼出一團熱氣，留在嘴裡的是酥脆加軟糯。糯米的香和豆沙的甜就是我想要的全部。久違的油炸糕，帶給我一個寧靜與滿足的早晨。

玉子燒

4月11日

晴　18°C

昨晚8點是英女王在位68年來第一次在復活節發表演說，繼4月5日發表「至暗時刻」演講後，不到一周又發佈了第二次演講。女王在這個時刻連續向國民發佈演講，旨在鼓勵英國各個宗教信仰的民眾共渡時艱。

她說：「今年的復活節對我們中的許多人來說是不同的，然而分離讓我們保證了他人的安全。但是復活節並沒有被取消，我們比以往的任何時候都更需要復活節。」「我們知道冠狀病毒不會戰勝我們。死亡是黑暗的，尤其是對於那些飽受悲傷打擊的人們，但光明和生命更偉大。願復活節燃燒著的希望之火，成為我們面對未來的堅定指引。祝願有著千差萬別的每一個人，無論秉持何種宗教信仰，都能度過一個幸福的復活節。」

女王清晰堅定的聲音迴響在耳邊，「光明和生命更偉大」，復活節的希望之火將「成為我們面對未來的堅定指引。」黑暗總會過去的，日子會好起來的。太陽閃亮，白晝長於黑夜的日子剛剛開始，光明與生命總是更偉大。

復活節是耶穌復活的節日，象徵著新的生命。而復活節總是和蛋聯繫在一起，因為每年的 4 月是禽類繁殖的時候。雞和鳥兒都開始孵蛋，小鳥都是這個時候誕生的，所以蛋也是新生的象徵。

今天的早餐就做久違的玉子燒。玉子燒的由來可以追溯到江戶末期的京都。1643 年出版的《料理物語》中有記載一種叫「玉子軟綿綿」的料理。玉子燒有甜有鹹，除了普通的玉子燒外，還有厚燒玉子燒。普通的玉子燒需在蛋液裡加入高湯，口感蓬鬆濕潤；後者常用於壽司配料，口感更樸實。「壽司之神」小野二郎的徒弟追隨他多年後才有機會做玉子燒。大徒弟獲准做玉子燒後，做了二百多次後才終於獲得師傅的點頭肯定，喜極而泣。

玉子燒是日本的家常菜，每位主婦都有自己的配方。有一次去日本旅行，酒店的免費早餐就有玉子燒。厚厚的玉子燒，入口極其鬆軟，淡淡的鹹味裡有海苔的鮮甜。雖然是一道看似簡單的料理，但味道豐富，給人留下了深刻的印象。後來在逛築地市場時，發現了一個賣玉子燒的攤檔，飄出的味道極美，駐足觀看夥計現場製作玉子燒也是一大享受。

於是我去東京的廚具市場買了一個銅製的玉子燒鍋。這個鍋子配了原木的把手，看起來很樸實。店主推薦說這個鍋子做出來的玉子燒最柔軟，是飯店用的專業鍋子。還順便買了一個平頭的鏟子，寬窄與鍋子相同，專門做玉子燒用的。

有了「玉子燒神器」，就是身在英國，也可以重溫東京的玉子燒早餐。何樂而不為？

TAMAGOYAKI 卵焼き 玉子燒 TAMAGOYAKI 卵焼き 玉子燒
TAMAGOYAKI 卵焼き 玉子燒 TAMAGOYAKI 卵焼き 玉子燒

玉子燒

Tamagoyaki

份量

- 2 人

材料

- 雞蛋：4 個
- 糖：15 克
- 鹽：1.5 克
- 味醂：0.5 茶匙
- 日式燒酒：0.5 茶匙
- 高湯：90 毫升

高湯：

- 柴魚片：20 克
- 昆布：10 克
- 水：1000 毫升

Recipe 35

SPRING/APRIL

① 想做出地道的玉子燒，柴魚昆布高湯是關鍵。高湯做好後可以放進冰格，做成冰塊，每次用 **3** 塊，很方便。

昆布就是我們常說的海帶。乾昆布上有一層白霜，是鮮美風味的來源，千萬不要洗掉。昆布浸泡 **30** 分鐘，再煮 **10** 分鐘後取出，之後放入柴魚片煮 **2** 分鐘。過濾後的湯汁，就是高湯了。煮過的昆布可以做關東煮，柴魚片炒一下可以拌飯吃。高湯冷卻後放入做冰塊的冰格中，冷凍後的冰塊放入保鮮袋，儲存在冷凍格中，要用的時候拿幾塊即可。

② 將 **4** 個雞蛋打散。放入高湯和各種調味料攪拌均勻。如果想玉子燒表面細緻，顏色均勻，可以過濾蛋漿。但我通常會省去這一步驟。

③ 在鍋子裡抹一層油。小火把鍋子燒熱，用攪蛋的筷子尖沾一點蛋漿，劃過鍋子，如果馬上出現一個白道，就是夠熱了。把約 **1/4** 的蛋漿倒入鍋中，用筷子迅速攪拌，目的是避免雞蛋皮粘鍋的一面顏色過深。蛋漿半凝固時，用平頭鏟子小心地把雞蛋皮從鍋的外側向身體一側捲過來。然後，在空鍋的部分掃油，用鏟子把蛋再推向掃過油的一側。

④ 再倒入蛋漿，用鏟子把做好的蛋卷稍微抬起，讓蛋漿流入蛋卷底部。同樣用筷子攪拌蛋漿，半凝固時，把蛋卷向朝身體方向卷過來。然後重複動作，直到蛋漿用完。

要做出口感柔軟，表面細膩均勻的玉子燒不但需要技巧，火候也很重要，多練習幾次自然就可以掌握了。

做好的玉子燒放入做壽司的竹簾中，捲緊，稍微冷卻後就可以切塊上碟了。冷吃、熱吃都別有一番風味。

翠玉瓜雞蛋餅

4月17日
晴　16°C

早上天氣晴朗，天空很藍，但是風吹得有點冷。我給玫瑰花和蘋果樹打了防止黴菌的藥就開始準備早餐。

午後，陽光變得暖洋洋的，我和孩子們一起為花園除草。我去後院的儲藏室拿花盆，發現放花盆和雜物的架子上有很多枯樹葉，其中有一個塑膠盒子裡還圍了一圈圈的樹葉，像是有鳥要築巢。架子的上層有3個油漆桶，中間的縫隙也塞滿了樹葉。我移開油漆桶前面一個瓶子，駭然發現後面，在3個油漆桶中間，居然隱藏著一個做工精緻的鳥巢。這個巢外面是枯葉和綠色的苔蘚，樣子和顏色都很好看。我踮起腳尖向裡面看了一眼，哇！裡面竟是由極細的樹枝圍成的一個堅固巢穴，樹枝

羅賓和鳥巢。

縱橫交錯，結構既複雜又整齊，最讓人驚奇的是裡面有 3 隻淡咖啡色的蛋。這蛋小得很，似乎比鵪鶉蛋還小。但顆顆光滑透亮，安靜地躺著。我把油漆桶小心翼翼地放回去，拿了一些花盆和工具出來。

從今天開始，我打算不進那個小屋了，等「羅賓夫婦」孵好蛋才去。為什麼窩裡沒有鳥呢？聽說羅賓鳥每天下一個蛋，要等下夠 4 個才開始孵蛋。我猜有可能是因為成鳥出去覓食了；也有可能這些天我進進出出，鳥爸鳥媽覺得不安全，棄蛋而去？千萬不要這樣，親愛的羅賓，我再也不去那裡拿東西了，你們快回來孵蛋好嗎？

花園裡的藤架上的爬藤結了好多花骨朵。去年我在藤架上釘了兩個鳥窩，只是為了好玩而已。剛才發現了鳥巢後，我好奇地看看這兩個鳥窩怎麼樣了，其中一個門向前，裡面空空如也。另外一個在藤架後方，面向側面，裡面有樹葉！我踮起腳尖，向裡面一看，了不得，一雙小眼睛正從裡面向外看著我，還有橙色的小胸脯，是一隻羅賓媽媽正在孵蛋。我馬上走開，好像被這個小客人嚇到了。我的心撲撲地跳，既興奮，又幸福。有兩對羅賓在我家築巢，我的運氣太好了。怪不得我前幾天挖地，就有羅賓飛來吃蟲子，原來就住在我家呢。

羅賓是英國的國鳥，樣子小巧可愛，有橙紅色的胸脯，不怕人，經常在讓人出其不意的地方築巢，有時奇怪得讓人啼笑皆非。曾經有一個人耕地時把外套掛在田邊，吃完午飯回去時，發現有一對羅賓正在他的外套兜裡築巢。最近還有新聞說，在貝爾法斯特豐田汽車營業部停車場上，有一對羅賓在一輛豐田車的車輪與擋泥板之間築了巢，還孵出了 6 隻小羅賓。

羅賓夫婦分工明確，羅賓媽媽負責孵蛋，爸爸就在周圍活動，為媽媽提供食物。孵蛋一般需要 12 至 14 天，小鳥孵出後也要大約兩周才開始出巢。怪不得前幾天我看見羅賓來吃蟲，直接吃掉沒有帶走，原來小鳥還沒孵出來。去年 6 月我挖地時，發現羅賓叼著蟲子飛走再回來，來回多次，相信就是在餵養小鳥。

孩子們不用上學的早晨，早餐可以慢慢做。小兒子最近個子飆高，有青春期開始的跡象，營養要跟上。不如就做他喜歡的翠玉瓜雞蛋餅。翠玉瓜，與東北的西葫蘆很像。英國的翠玉瓜顏色深綠，皮嫩，個頭小，沒有籽，很好吃。小時候媽媽常做西葫蘆雞蛋餅，軟軟的，蛋香濃郁，又有西葫蘆的鮮甜，配玉米麵粥，是讓人胃口大開的早餐。

瓜雞蛋餅 COURGETTE PANCAKES ズッキーパンケーキ 翠玉瓜雞蛋
URGETTE PANCAKES ズッキーパンケーキ 翠玉瓜雞蛋餅 COURGE

翠玉瓜雞蛋餅

Courgette Pancakes

份量

- 3 人

材料

- 翠玉瓜：3 根，共約 500 克
- 自發粉：100 克
- 雞蛋：3 個
- 蔥：3 根
- 蝦皮：適量
- 鹽：適量
- 白胡椒粉：少許

① 翠玉瓜切絲，放少許鹽，醃 **10** 分鐘。蔥切粒。

② 把雞蛋直接打入裝有翠玉瓜絲的容器中，再加入蔥粒、蝦皮、麵粉、鹽和白胡椒粉。攪拌均勻，成糊狀。用自發粉調節麵糊的濕度。

③ 平底鍋下稍微多些油，把適量的麵糊到鍋裡，抹平。底部成型後，可以翻面，煎至兩面金黃就好了。我喜歡用小平底鍋，容易翻面，如果餅太大，很難翻得完整。

④ 煎好的雞蛋餅，金黃包裹著碧綠，煞是好看。撕兩塊保鮮膜，分別在中間擠上蛋黃醬和燒烤醬。把保鮮膜四面收起，擰緊，形成一個鼓鼓的調料包。用牙籤在調料包的中間輕輕扎一個洞，簡易版裱花袋做好了。快速在蛋餅上縱橫交錯地擠上蛋黃醬和燒烤醬。

這個色香味俱全的改良版「翠玉瓜雞蛋餅」可以同日本的大阪燒媲美。

番茄滑蛋牛肉飯

4月22日

晴　20°C

今早澆花的時候，雖擔心嚇到小鳥，但還是忍不住偷看了一下藤架下面的鳥窩，發現裡面沒有鳥，有幾個蛋。「偷窺」的我，有種做賊心虛的感覺，心砰砰地跳，沒來得及認真數到底有幾個蛋就趕快走開。為什麼羅賓媽媽不在窩裡呢？不會又是棄巢而去吧？我的心慢慢沉下去，難道又是我把牠嚇走了嗎？

鳥巢是小鳥的全部家當，就像我們的房子一樣，把一生的積蓄都投進去，沒有那麼容易就拋棄吧。我想，也許牠出去找東西吃，一會兒就會回來。於是我經常站在廚房的窗前觀察鳥巢周圍。10點左右，我發現兩隻羅賓在柵欄上跳來跳去，一隻撲撲翅膀飛去鳥巢。我的心終於放了下來，鳥媽媽回家了，牠沒有拋棄牠的孩子。

下午兩點，我在給藤架下育苗房的花苗澆水時，發現一隻羅賓叼著蟲子飛來，站在柵欄上，歪著小腦袋看著我，我馬上停止了動作，也看著牠。牠停了一下，就飛向鳥巢，把蟲子放進鳥巢，就又飛走了。原來是羅賓爸爸在給羅賓媽媽餵食，看來鳥媽媽開始孵蛋了，不方便離開巢穴，就由爸爸負責覓食給她吃。羅賓一天大約要吃身體重量 1/2 的食物，鳥爸爸的工作很艱巨呀。不一會，羅賓爸爸又回來送食物了，牠離開後，巢裡的鳥媽媽站起來，露出尖嘴和黑眼睛。

我慢慢地，輕輕地退開，心裡是興奮和幸福的。世間萬物皆有靈性，小小的羅賓只有兩三年的壽命，但是牠們成長、築巢、孵蛋、養育雛鳥，一對鳥兒互相扶持照應，共同承擔養育下一代的責任，與人類何其相似。

這些宅在家的日子讓人想念香港的美食。番茄滑蛋牛肉飯是大多數茶餐廳的常餐。這估計也是西方舶來的美食，加入香港元素後有了地道的港味。番茄滑蛋牛肉飯是用牛肉片配番茄汁再加一隻半熟的煎蛋。我這次用牛絞肉代替牛肉片，其實有點像肉醬意粉的肉醬澆在米飯上。但我這港式的番茄牛肉是加了醬油和蠔油的中式口味，而肉醬意粉的醬汁則是加了地中海香料的意大利風味。還有一種做法是把雞蛋炒熟加入番茄牛肉醬汁中，有點像加了牛肉的番茄炒蛋。這種做法也很好吃，適合不喜歡吃半熟蛋的朋友，更適合小孩子吃，有營養，又好吃。

滑蛋牛肉飯 BEEF RICE WITH TOMATO AND SOFT
卵とビーフのライス 番茄滑蛋牛肉飯 BEEF RICE WITH TOMATO

番茄滑蛋牛肉飯

Beef Rice with Tomato and Soft Scrambled Eggs

份量

- 4 人

材料

- 牛肉碎：500 克
- 雞蛋：4 個
- 番茄：2 個
- 罐裝番茄：400 克
- 洋蔥：1 個
- 大蒜：2 瓣
- 番茄膏：適量
- 生粉：少許
- 水：150 毫升

- 醃牛肉佐料：
- 生抽：2 大匙
- 蠔油：1 大匙
- 糖：半茶匙
- 麻油：2 大匙
- 胡椒粉：少許
- 橄欖油：少許

- 白飯：4 人份量

① 把牛肉碎加上佐料，醃製 **15** 分鐘。洋蔥和大蒜切碎，番茄切粒。

② 平底鍋放少許油，洋蔥碎炒至透明，再加少許油，加入蒜末炒香。出鍋待用。

③ 鍋內下橄欖油，油熱後下牛肉碎，炒至變色，加入洋蔥碎、蒜末和番茄膏，翻炒，加入罐裝番茄，**150** 毫升溫水，加蓋小火慢煮 **15** 至 **20** 分鐘。牛肉快好時，倒入番茄粒，煮 **3** 分鐘，加少許生粉水收湯。

④ 如果是煎蛋版，就煎 **4** 隻雞蛋。炒蛋的話，就將炒好雞蛋加入番茄牛肉中，拌勻即可。

⑤ 白飯上碟，四周澆上番茄牛肉汁，煎蛋放置中間即可。炒雞蛋版就把醬汁澆在飯上就好了。

你有可能勞累了一天，有可能正為某些煩心事傷腦筋，或者莫名的心情低落，但這碟熱騰騰的番茄滑蛋牛肉飯上桌時，一切都隨風飄去。盛起滿滿一勺，讓口中充滿濃郁的風味，細細體會牛肉的柔嫩，雞蛋的嫩滑，番茄的酸甜和米飯的軟糯飽滿。味蕾的舒展讓心靈得到實實在在的慰藉。這大概就是那些西方人口中的「**Hearty Dish**」——暖心飯食吧。

沙爹牛肉湯米線

4月25日

晴 21°C

今天在院子裡發現羅賓面向巢內，在巢的邊上站了很久，難道是有小鳥孵出來了嗎？又觀察了一會兒，發現牠飛走十幾分鐘後，嘴裡叼著蟲子又飛了回來，在鳥巢邊逗留一會兒，又飛走了。我躡手躡腳地走到鳥巢下面，踮腳一看，巢中3隻小鳥的嘴巴張得大大的，旁邊還有一個沒孵出的蛋。我馬上退開，也沒看清到底有幾隻鳥寶寶，好像有4到5隻，另外還有一個蛋。我的心情雀躍起來，新生命的誕生總是讓人心生歡喜。羅賓媽媽來來去去幾次後又進巢孵蛋了。

今天還有一個好消息。之前報導的99歲二戰退伍軍人湯姆・摩爾已經以行走的方式，籌集捐款超過3000萬英鎊了，他還與歌手麥可・波爾及 NHS 合唱團一起合唱《你永遠不會獨行》（*You Will Never Walk Alone*），為抗疫的醫護募捐，這首歌還登上了單曲榜單的第一名。一場肆虐全世界的疫情，和退伍老軍人的康復及走紅，讓人類更加敬畏自然，也體現了人類頑強不屈和善良的本質。

周六總是會吃一個早午餐。記得以前在香港，樓下有家叫「椰林閣」的茶餐廳，早餐好吃又便宜。我們常常在周末去吃，幾乎每次我都點沙爹牛肉湯米線，配小餐包。小餐包是熱的，有點甜，很鬆軟，抹上牛油讓人胃口大開。沙爹牛肉的味道複雜濃郁，有很濃的花生香味。與牛肉一起澆在米線上的，是濃稠的沙爹湯汁，攪拌一下，爽滑的米線入口微辣噴香，與嫩滑的牛肉相得益彰。吃幾口熱米線，喝一口凍奶茶，這樣的周末讓人想念。

前幾天去唐人街超市，找到 Jimmy 牌沙爹醬，就像找到了寶貝，因為這個沙爹醬最好吃。於是買了兩塊牛臀肉排，切片，做沙爹牛肉。

肉湯米線 SATAY BEEF RICE NOODLES 牛肉サテのライスヌードル
線 SATAY BEEF RICE NOODLES 牛肉サテのライスヌードル 沙爹牛

沙爹牛肉湯米線

Satay Beef Rice Noodles

份量

- 4 人

材料

- 米線：400 克

牛肉醃料：

- 牛肉：250 克
- 生抽：1 湯匙
- 糖：1 茶匙
- 生粉：2 茶匙
- 油：1 湯匙
- 水：50 毫升

沙爹汁：

- 乾葱頭：1 粒
- 大蒜：2 瓣
- 沙茶醬：3 湯匙
- 花生醬：2 湯匙
- 糖：1 茶匙
- 水：120 毫升

① 取一深鍋，燒水，水滾放入米線，煮 **5** 分鐘後，熄火，加蓋焖一會。米線熟了，過冷河。

② 把牛肉切片加入醃料攪拌均勻，醃 **15** 分鐘。

③ 沙茶醬、花生醬、糖和水攪勻待用。

④ 鍋燒熱，下油，快炒牛肉至 **8** 成熟，取出待用。

⑤ 鍋內加少許油，爆香乾蔥碎和蒜末，再放入沙爹醬汁和牛肉片炒勻即可。

⑥ 水煮開，放入米線，燒開，調味，熄火。米線盛入大碗，加入沙爹牛肉片和湯汁，即可。

MAY

5 月的英文名 May 的來源是一個謎。古人聲稱 May 來自羅馬神話中的墨丘利（Mercury）的媽媽邁雅（Maia）。古羅馬的人們在每年的 5 月 1 日向她獻上祭品，所以羅馬曆法中以邁雅的名字來命名第 5 個月。

英國把 5 月 1 日定為五朔節（May Day），古代的英格蘭人民在五朔節這一天的黎明到戶外迎接春天的到來。在村莊的草地上豎起五顏六色的五朔節花柱是英國人民慶祝節日的傳統。姑娘小夥跳起傳統的莫里斯舞。女孩們身穿素雅的白裙，最美的一個被選為「5 月女王」，戴上花冠在人們的簇擁下遊行慶祝。

5 月是一個歡快月份，經歷過漫長寒冬的歐洲人民歡天喜地地慶祝春天的到來。在羅馬日曆中，這個月被稱為快樂之月（Month of Mary）。

韭菜花醬

5 月 1 日

多雲轉晴　17°C

封城的日子待在家久了，總想出去走走。好在出去鍛煉身體是被允許的，於是我到家附近的一個樹林子逛逛。這個樹林在大公園的旁邊，英國的市區有不少這樣的樹林，人工的痕跡很少，樹木和植物自由的生長。林間的小路彎彎曲曲，是散步的人們踩出來的。踏上林間小路，一路探索，千奇百怪的植物比比皆是。現在正是藍鈴花開的季節，綠樹蔭下，遠遠的一片奇幻的藍色。微風吹過，一串串倒掛的藍鈴花「敲」起來，和著鳥鳴和風聲，那是春天的腳步聲。

走著走著，穿過藍鈴花區，忽然發現一大片白色小花，竟然望不到頭。翠綠肥厚的寬葉子向下低垂著，有的優雅地開著小白花，有些剛剛打了花骨朵兒。原來是野韭菜，英文叫「Wild Garlic」。野韭菜從 3 月開始發嫩芽，一直到 6 月都是吃野韭

白色花海的步道，如夢如幻，是跑步的好地方。

菜的好時候。韭菜在西方是稀罕的東西，通常只能在唐人街買到，而且價格很貴。然而，春天的時候，野韭菜遍地都是，是免費的有機綠色食品，只需拿著籃子和剪刀，盡情採摘。野韭菜的味道比較柔和，還有淡淡的甜味。剛發芽的時候，最嫩，當開花的時候葉子也還是嫩的，花可以做韭菜花醬。韭菜當然和雞蛋是最佳組合，韭菜盒子、韭菜炒雞蛋，而野韭菜的味道完全可以以假亂真。

如今，野韭菜開始開花，正是做韭菜花醬的好時候。小時候，媽媽總會做一些韭菜花醬儲存起來。冬天，吃麵條的時候來一小匙，頓時香氣撲鼻，齒頰生津。在東北的飯店吃火鍋的時候，韭菜花醬也是必點的配料之一，羊肉和肥牛涮好後，沾上韭菜花醬，肉的鮮味立即被提到一個新的高度。吃烤肉的時候，沾點韭菜花醬不但提鮮還解膩。

菜花醬 CHINESE CHIVE FLOWERS SAUCE 花にらソース 韭菜花醬 C
IVE FLOWERS SAUCE 花にらソース 韭菜花醬 CHINESE CHIVE FL

韭菜花醬

Chinese Chive Flowers Sauce

份量

- 1 罐

材料

- 韭菜花：400 克
- 鹽：40 克
- 橄欖油：2 大匙

① 韭菜花要開還未開的最好，最鮮美。韭菜花用冷水加鹽浸泡 **20** 分鐘，清洗乾淨，瀝乾水分。把廚房紙鋪在容器底部，把韭菜花倒在紙上，吸乾水分。

② 將玻璃罐子以沸水煮 **5** 分鐘，取出晾乾待用。

③ 鹽的份量通常是韭菜花的 **1/10** 左右。把韭菜花和鹽一起放攪拌機中打成醬。加兩大匙橄欖油，攪拌均勻，作用是防止韭菜花變色。把韭菜花裝入容器中，注意不要裝太滿，因為韭菜花會發酵，產生氣體。瓶口用保鮮膜封好，蓋子不要扭太緊。

放入冰箱，可以保存 **1** 年。

和風大蝦意大利粉

5月4日

晴　18°C

羅賓寶寶已經9天大了，昨天就發現有幾隻開始睜開眼睛了。整個鳥巢都是一層黑色的絨毛，鳥寶寶的頭頂有一撮很長的絨毛，看起來很滑稽；耳朵和眼睛附近沒長毛，清楚地看見耳洞；胸前已經長了深咖啡色的絨毛，翅膀上的羽毛還很稀疏。6隻小鳥轉圈蹲在巢中，看起來有點擁擠了。鳥媽媽很少在巢裡了，天氣暖和再加上鳥寶寶們長了絨毛，擠在一起，互相取暖也不冷了。牠們閉著眼睛，把黃嘴巴擱在巢的邊上，睡夢中，嘴巴還會忽然張開。就像剛出生的小嬰兒，不由自主地翕動嘴唇。鳥爸鳥媽忙著捉蟲，輪流餵食。鳥媽一落在巢邊，小鳥們就馬上大張嘴巴，嘰嘰喳喳地吵起來。我買了餐蟲，每天早上和下午放食兩次，希望能減輕羅賓爸媽的捕食壓力。

每天早上起床第一件事就是去看看鳥巢。每一天，都有新發現。今天，小羅賓們的眼睛睜得大大的，很有精神。但只有一會兒，就又睡著了。羅賓爸媽在巢的附近守著，一聽到鳥巢附近有動靜，就飛過來打探一下情況。牠們對我已經習慣了，在周圍跳來跳去，小腦袋探究地轉動著，樣子可愛又有趣。

經過上周連續的雨天，今天天空終於徹底放晴。草坪被雨露滋潤後顯得格外碧綠，玫瑰花的花骨朵兒鼓脹飽滿，有些已經隱隱露出或紅或白的花瓣。牡丹更是長得老高，深紅色的花骨朵兒光潔得像一顆顆紅瑪瑙，閃著光。我用竹竿固定好牡丹的枝條，等待超大而沉重的花朵盛開。

英國的 5 月是一個神奇的月份，屋後小小的園子是一個日新月異的小世界。每天發生在這個小世界的微不足道的小事，就已能大大地滿足我對自然的好奇與欣賞之心。

在花園忙碌了一上午，飢腸轆轆。不如就做一道簡單的和風大蝦意大利粉，清新的日式料理與溫暖的春日好像很契合呢。

意大利粉的做法有很多種，最簡單的就是將意大利粉上碟，把醬汁直接淋上，攪拌即成。這款和風意粉用煎香的煙肉碎做底味，把煮得 7 分熟的意大利粉加入醬汁中繼續煮幾分鐘。沒熟透的意大利粉能夠充分吸收醬汁的風味。這樣，上碟的意大利粉沒有濃厚的醬汁，看起來輕盈有致，但味道毫不含糊。配上煎得紅彤彤的大蝦，味道鮮美，賣相佳。

蝦意大利粉 WAFU KING PRAWN SPAGHETTI 和風海老のパスタ 和
粉 WAFU KING PRAWN SPAGHETTI 和風海老のパスタ 和風大蝦意

和風大蝦意大利粉

Wafu King Prawn Spaghetti

份量

- 1 人

材料

- 意大利粉：120 克
- 煙肉：3 片
- 洋蔥：1/4 個
- 蒜頭：2 瓣
- 朝天辣椒：1 個
- 蔥花：少許
- 鹽：少許
- 糖：少許
- 胡椒粉：少許

醬汁

- 清酒：1 大匙
- 味醂：1 大匙
- 醬油：2 茶匙
- 鹽：適量
- 黑胡椒粉：適量
- 牛油：2 茶匙

① 洋蔥、蒜頭、蔥、朝天辣椒和煙肉切粒。

② 大蝦洗淨，去腸，用廚房紙吸乾水分。放少許鹽、糖和胡椒粉，拌勻。

③ 把煙肉倒入平底鍋，小火煎至金黃。鍋中會有不少煙肉滲出的油，如果不夠再倒入少許橄欖油，加入洋蔥粒、蒜末和辣椒粒，炒香。再加少許橄欖油，大蝦下鍋，略煎至兩面變色，所有材料取出待用。大蝦切忌過度烹飪。

④ 在鍋中加入足夠多的水和適當的鹽（煮意大利粉的方法見 **95** 頁），煮到 **7** 分熟。大約比包裝上建議的時間少 **2** 分鐘。煮好取出待用。

⑤ 在鍋中放入牛油，再把醬汁的材料放入鍋中，小火煮開。**7** 分熟的意大利粉放入鍋中與醬汁繼續煮 **3** 分鐘，沒有徹底煮熟的意大利粉會吸收很多醬汁。快好的時候，放入大蝦和煙肉等，攪拌均勻即可出鍋。

有煙肉做底味的醬汁格外鮮美，配上通紅脆口的大蝦，是春日簡單的美味。

油鹽燒餅

5月7日

晴　18°C

世界上有一種感覺叫「失落」。清晨，我走向鳥巢，想看看毛茸茸的小鳥們。出乎意料的是，鳥巢竟然空空如也！明明知道小鳥會離巢，但是沒想到會這麼快，沒想到就在今天。從發現小鳥出殼到今天，正好 12 天。我站在鳥巢下，失落但又欣慰，鳥寶寶們終於長大了。想必是在黎明時分就離巢了，但牠們還不會飛，能去哪裡呢？我四周打量一番，耳邊傳來啾啾的鳥叫聲，但卻沒發現有雛鳥。我歎了口氣，還是澆花吧。

當我走近水管時，發現花盆邊上有一隻毛茸茸的小東西——一隻雛鳥，牠一顫一顫地，像掉在地上的毛線球。這個位置離花園的鐵柵欄已經很近了，難道其他五隻都從柵欄門跑出去了嗎？也有可能是一離巢就被貓或狐狸吃掉了。剛離巢的小鳥既不會飛，也不會自己覓食，只會跳著走，牠們是否能生存下來，主要是看能否把自己隱藏起來。英國羅賓雛鳥第一年的死亡率高達 72%。我慢慢退開，坐在地台上觀察牠。不一會，就看見鳥爸鳥媽飛來了，啾啾地叫著。鳥媽先飛下來，雛鳥馬上張大嘴巴，媽媽餵食之後飛開，由爸爸接著餵。如此這般，每隔半個小時，鳥爸鳥媽就來餵牠一次。吃了食的牠看起來精神不少，眼睛瞪得大大的，胸脯一起一伏。牠的頭上左右兩邊還各有一撮長長的絨毛，嘴角嫩黃，靠著牆邊一動不動，模樣憨憨傻傻的。

整個上午我都在觀察小鳥，投放的餐蟲轉眼就被一搶而空了。畫眉和喜鵲也都趕來，猛搶狂吃，羅賓夫婦也取了不少，飛來飛去地餵給雛鳥。我估計有幾隻雛鳥在隔壁家的花園，因為羅賓媽媽常常叼了蟲子飛去隔壁。

早上發的麵糰，已經漲到兩倍大。用小鍋燒了些油，潑到乾麵粉上，做成油酥。今天要烤東北燒餅。

據考證，燒餅是漢代從西域傳來的。《續漢書》有記載說：「靈帝好胡餅」，這胡餅可能就是燒餅的前身。《資治通鑑》中提到漢恆帝年間販賣的胡餅「薄如秋月，形似滿月，落地珠散玉碎，入口回味無窮」。

據說，烤製的燒餅最初並沒有芝麻。芝麻於漢代從西域傳入，起初叫胡麻，故有「胡餅」之稱。北魏的《齊民要術》之《餅法》中記載了燒餅做法：「燒餅法：麵一斗，羊肉二斤，蔥白一合，豉汁及鹽，熬令熟。炙之，麵當令起。」《資治通鑒》又有記載：安史之亂，唐玄宗與楊貴妃出逃至咸陽集賢宮，無所果腹，宰相楊國忠去市場買來了胡餅獻給唐玄宗和楊貴妃。當時長安的胡麻餅很流行，白居易有詩稱：「胡麻餅樣學京都，面脆油香新出爐。」《天橋雜詠》中說：「乾酥燒餅味鹹甘，形有圓方儲滿籃，薄脆生香堪細嚼」。白居易的「面脆油香」用來形容東北燒餅最合適；而「薄脆生香堪細嚼」則像是北京的吊爐餅，那也是一絕。

上師範學院的時候，我覺得學校的油鹽燒餅最好吃，我每個周末回家之前都要買幾個帶回家。傳統的東北燒餅使用東北大豆油，色澤金黃，透著淡淡的黃豆香味，成了東北油鹽燒餅的獨特風味。東北燒餅講究溫水和麵，經過發酵後製成，好吃的燒餅表皮酥脆，一碰就掉渣；裡面嫩黃柔軟，層次分明。咬一口，外酥裡嫩，油酥香噴噴的。燒餅配豆腐腦或者小餛飩湯麵，簡單樸素卻保證讓你吃得熱火朝天，回味無窮。

鹽燒餅 CLAY OVEN FLATBREAD シャオビン 油鹽燒餅 CLAY OVEN
オビン 油鹽燒餅 CLAY OVEN FLATBREAD シャオビン 油鹽燒餅 CL

油鹽燒餅

Clay Oven Flatbread

份量

- 12 個

材料

- 麵粉：500 克
- 酵母：5 克
- 白糖：10 克
- 溫水：350 毫升
- 雞蛋：1 個

油酥：

- 麵粉：150 克
- 油：120 毫升
- 鹽：6 克
- 花椒粉：10 克

① 將酵母加入溫水中攪拌。把白糖和麵粉混合，分 3 次加入酵母水和溫水，攪拌成絮狀。水溫約 30℃，如果超過 42℃，酵母會失去活性。白糖則有利於發酵。用手揉麵糰 3 至 5 分鐘。這個麵糰比較軟，開始時可能有些粘手，堅持揉，就會變得潔白光滑。麵糰放入容器中醒發至 2 倍大。雞蛋打散，待用。

② 做出好吃的燒餅關鍵在油酥。將鹽、花椒粉和麵粉混合，油燒熱倒入麵粉中，邊倒邊攪拌。做好的油酥略稠但仍可流動。

③ 把醒發好的麵糰放置麵板上，排氣，擀成 2 毫米厚的長方形麵皮。把油酥淋在麵皮上，用刮刀抹勻。把麵皮從靠近身體方向向外捲，捲成長條狀，分成 12 等份的面劑子。取一個麵劑子對摺，捏緊開口，封住油酥，封口向下，整理成圓形或者橢圓形。全部整理好後，逐個按扁，用擀麵杖輕輕擀薄，但不要太用力，防止破壞層次。

④ 焗爐先預熱至 250℃。焗盤刷上油，把擀好的麵餅擺進焗盤，餅皮刷蛋漿和油，蓋上保鮮紙或廚房布，鬆弛醒發 30 分鐘，再放入 250℃的焗爐內焗 15 分鐘即可。

焗好的燒餅表皮極其酥脆，一碰就掉渣。內部柔軟，層次分明，呈現誘人的金黃色。鹹酥的燒餅透著麥香和花椒的辛香，是學生時代的記憶，是家鄉的味道。

青檸圓環蛋糕

5 月 10 日

陰轉晴　11°C

這幾天又冷了。在英國，5 月穿羽絨服並不是什麼新鮮事。然而，晴朗乾燥的天氣確確實實地開啟了英國最美的季節。晚上 9 點才開始天黑，黃昏整整推遲了 4 個小時，讓人不想睡覺，時間彷彿被拉長了。這大概應驗了物極必反的原理，冬天因下午 3 點半天黑而缺失的日照，夏天都加倍地補回來了。

今天是母親節，離媽媽這麼遠，唯有郵寄禮物給她。她腿不好，是俗稱的老寒腿。買了一個有加熱按摩功能的護膝送給她，希望日益先進的科技能為她舒緩些許病痛。最近兩年媽媽開始步履艱難，不能走太遠，買菜都很少去了。她常常為此苦惱，向我訴苦，說缺什麼都不能馬上去買，要等別人有空了才能幫她買。人老了，自己行動不便，就難免被迫耐下性子來求別人幫忙。生老病死，無人能倖免，在走向衰老的路上，我們能做的就是練就寬大的胸懷，接受種種的不如意。身體健康是幸福之本，然而精神健康才是保持神采奕奕的關鍵。叔本華說：「人類的幸福有兩種敵人：痛苦與厭倦。」

有人說：「美，是一封打開的介紹信，她使每個見到這封信的人都對持這封信的人感到滿心歡喜。」雖然美與幸福好像沒有直接的關聯，但是卻間接地給人幸福的印象。所以，老年人要擺脫精神上的苦痛與孤獨，不妨開發藝術興趣，讓「美」滋潤心靈，消滅無聊的侵蝕。

現在步履蹣跚的媽媽，年輕時可是個運動健將，據說是在搭火車去參加游泳比賽的時候邂逅我爸爸的。記得小時候，家裡經常要換煤氣罐。爸爸出差時，媽媽就騎著自行車，帶著我去換煤氣罐。我坐在自行車前面的兒童座上，車後架上掛著沉重的煤氣罐，自行車在坑坑窪窪的小路上顛簸著。到崗亭時，媽媽下車登記，把自行車立在路邊，一陣風竟吹倒了車子，我和煤氣罐一起摔到了地上。我擦傷了，頓時哇哇大哭。媽媽趕快把我抱起來，一邊給我擦眼淚，一邊道歉說「對不起、對不起，都是媽媽不小心。」

今天，除了和媽媽視頻聊天之外，還要做一個特別的蛋糕，來慶祝母親節。青檸圓環蛋糕清新的感覺和 5 月很搭配。這款蛋糕用了整整 3 個青檸，連皮帶汁，蛋糕焗好之後，再淋上青檸芝士糖霜。金黃的蛋糕，裹著一層淡綠色的糖霜，清雅脫俗。一入口就被濃郁的青檸風味徹底俘虜，這恐怕是 5 月最好的寫照，也象徵著母親的恬淡和堅強。

And after April
When May follows
And the white-throat builds
And all the swallows.'
R.B.

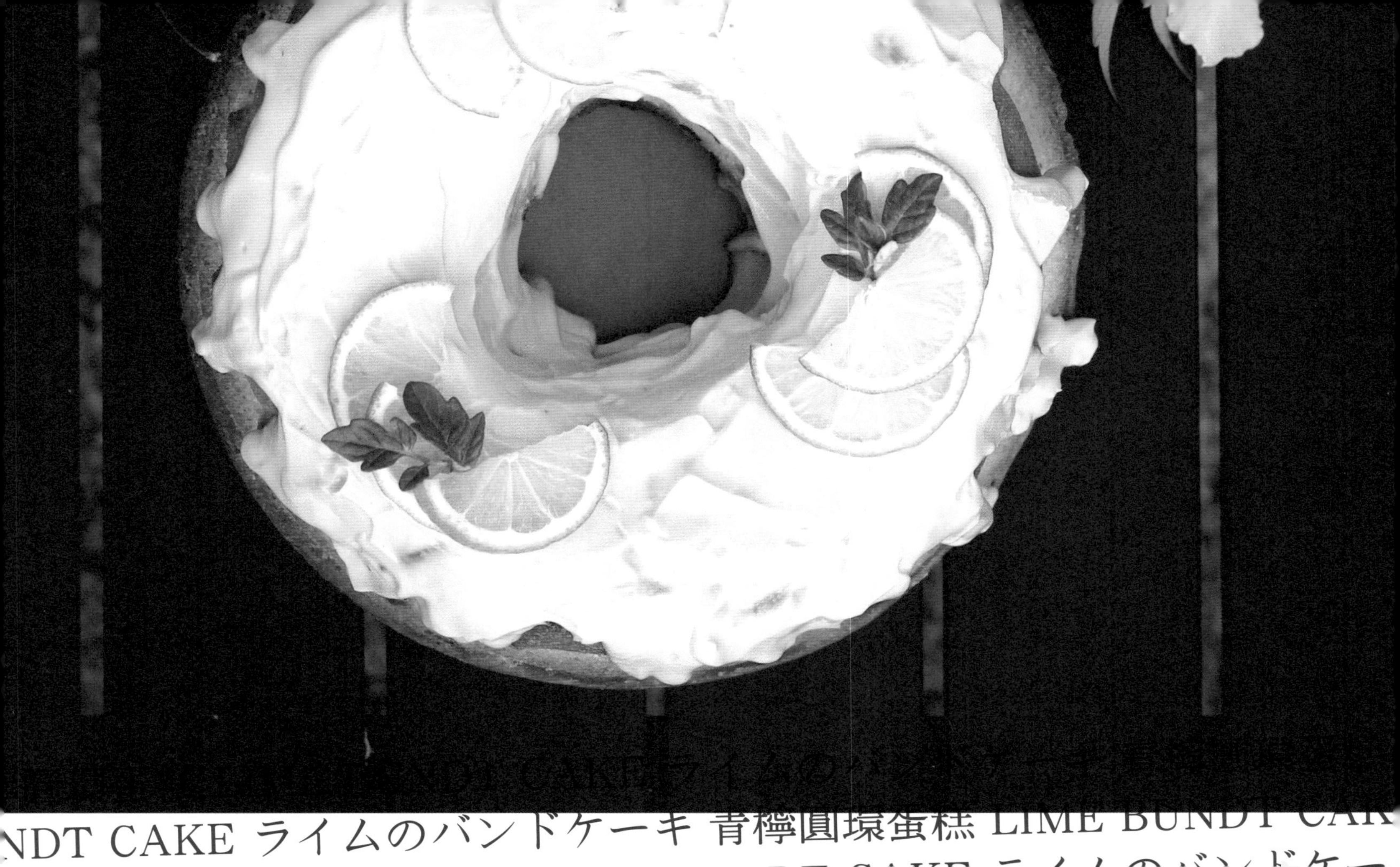
NDT CAKE ライムのバンドケーキ 青檸圓環蛋糕 LIME BUNDT CAK

青檸圓環蛋糕

Lime Bundt Cake

份量

- 7 英寸

材料

蛋糕：

- 青檸：2 個
- 軟化牛油：275 克
- 糖：275 克（亦可以減至 120 克）
- 自發粉：275 克
- 發粉 : 2 茶匙
- 雞蛋：4 個

糖霜：

- 青檸：1 個
- 奶油芝士：200 克
- 糖粉：50 克
- 牛奶：適量

① 取三個青檸皮屑和 **2** 個青檸汁，待用。把發粉與自發粉混合，待用。

② 焗爐預熱至 **170℃**。

③ 把糖和牛油打發至顏色變淺。一次加入一個雞蛋和一大匙麵粉，攪拌均勻；再加入青檸皮屑和青檸汁以及剩下的麵粉，攪拌均勻。把麵糊倒入模具中。

④ 入焗爐，焗 **1** 小時。

⑤ 蛋糕在焗爐的時候，可以準備糖霜。一個青檸榨汁，與糖粉和芝士混合，加少許牛奶調節濃稠度。

⑥ 焗好的蛋糕脫模後，冷卻。最後要澆上糖霜，可以先把糖霜放進微波爐加熱 **10** 秒，增加流動性。用青檸片和任意香草綠葉做點綴。如果沒有青檸，可以用檸檬代替，味道很接近。

意大利千層麵

5月12日

陰有時晴　13°C

上周滯留在園子裡的小鳥飛走了，相信是飛到了附近的樹叢裡。羅賓爸媽馬不停蹄地為散落在四周的小鳥們餵食。為了餵食小型雀鳥，我專門買了一個小鳥餵食屋。這個綠色的小屋四周有門洞，大小剛好能讓小鳥出入，鳥屋下面有一個高腳杆，立在花園中央，可以清楚地觀察小鳥取食。這下子，鴿子和喜鵲一類的大鳥就會「望食興歎」了，就連松鼠也爬不上來。羅賓媽媽率先發現鳥屋中有誘人的餐蟲，她振著翅膀在鳥屋旁邊盤旋了一會兒，就壯著膽子把頭伸進小屋叼了一個蟲子，然後迅速飛離，整個動作也就一、兩秒鐘。羅賓是出了名的大膽，尤其是哺育幼鳥期間，為了捕捉蟲子總能奮不顧身。

這幾天有一對藍冠山雀經常來我家園子裡吃脂肪球（指一種含有堅果、種子和脂肪的球形鳥糧）。這是一對漂亮的小鳥，圓咕嚕的體形，比羅賓還小。黃色的胸脯、藍色翅膀、黑白相間的臉頰，頭頂還有藍色的冠狀羽毛。還有一對烏鶇也是我家的常客，牠倆渾身黝黑，有著橙色嘴巴和眼圈，喜歡脂肪球，偶爾也會竊取鳥屋的蟲子吃。另外，一對鴿子和一對喜鵲也把我家的園子劃為了自己的領地。喜鵲吃脂肪球是風捲殘雲式的，牠用尖嘴一個勁兒地鑿，吃一半掉一半，一次能消滅半個球。鴿子夫婦就守在脂肪球下方的地上啄食掉下來的殘渣，兩對大鳥也算配合默契。

我把一整個上午的時間都消磨在了花園裡，一個小小的園子給了我無限的樂趣。下午照舊是讀書時間，讀書、看鳥、喝茶、春日的午後尤其愜意。冰箱有剛買回來的牛絞肉，晚餐就做孩子們愛吃的意大利千層麵。意大利千層麵是用意大利寬麵、肉醬和芝士層層疊加而成的。千層麵——「Lasagna」是意大利文，也是出名的意大利菜，但是千層麵的起源卻要追溯到古希臘。其名字「Lasagna」便是從希臘文「Laganon」演變而來的，意思是薄麵皮。最初的千層麵沒有現在的意大利風味餡料，只是用麵皮和醬汁製成。

然而，如今這道讓人大快朵頤的美味千層麵的配方出自何處，仍一直有爭論。意大利人理所當然宣稱這配方是意大利首創。但有英國研究人員發現了一本 1390 年的英國烹飪書，其中就有千層麵的配方，所以英國人堅稱現代千層麵的配方起源於英國。

無論千層麵起源何處，它都是一道人人熱愛的美味料理，還很適合中國人的口味。千層麵好吃與否的關鍵在餡料，我的秘訣是在番茄牛肉醬的基礎上再添加一層白汁。兩種經典的意式醬汁融合碰撞，配上柔軟的意大利寬麵和濃郁的芝士，口中風味層層疊疊，每一口都是奢華的享受。

利千層麵 CLASSIC LASAGNE ラザニア 意大利千層麵 CLASSIC LA
意大利千層麵 CLASSIC LASAGNE ラザニア 意大利千層麵 CLASSI

意大利千層麵

Classic Lasagne

份量

- 4 人

材料

- 意大利寬麵：9 片
- 牛絞肉：500 克
- 罐裝去皮番茄：1 罐
- 番茄膏：2 大匙
- 西芹：3 根
- 紅蘿蔔：2 個
- 洋蔥：1 個
- 蒜頭：2 瓣
- 牛油：10 克
- 橄欖油：適量
- 白葡萄酒：80 毫升
- 濃湯寶：1 粒
- 馬蘇里拉芝士：200 克
- 百里香粉：少許

白汁：

- 牛油：50 克
- 麵粉：50 克
- 牛奶：500 克
- 芝士：少許
- 鹽：少許
- 法式芥末醬：2 茶匙

① 取大號平焗盤，把意大利寬麵並排放在焗盤內，倒入溫水浸泡 **2** 小時。注意寬麵不能疊加，最好互相不接觸，防止粘連。

② 洋蔥、紅蘿蔔、芹菜，切粒。蒜切末。牛油和橄欖油下鍋，油熱把洋蔥、紅蘿蔔、芹菜和蒜末炒香，取出待用。

③ 再加少許油，下牛絞肉，炒熟，牛肉變色，表面略微呈焦糖化。把炒好的配料放入鍋中，加番茄膏和白酒翻炒。倒入罐裝去皮番茄，和濃湯寶攪拌均勻。小火煮 **40** 分鐘。快好的時候撒百里香粉，使得醬料更富有「意大利」風味。

④ 燉牛肉的時候，製作白汁。牛油下鍋，起泡沫時，加入麵粉，攪勻，小火煮 **2** 分鐘。牛奶用微波爐加熱 **1** 分鐘，分兩次加入鍋中。邊加邊攪拌，直到湯汁開始變得粘稠。加入芝士碎和法式芥末醬、鹽，攪拌至幼滑無顆粒。牛奶加熱後才加入，能有效防止麵粉結粒。加入法式芥末醬和芝士碎是製作「非一般白汁」的秘訣。

⑤ 焗爐預熱至 **180℃**。

⑥ 番茄肉醬和白汁煮好後，先在焗盤底部鋪一層番茄肉醬，再鋪一層白汁。把泡軟的寬麵 **3** 片並排擺放在醬料上，然後重複加上另外 **2** 層，再上面的是番茄肉醬、白汁，最後把芝士平鋪在最上層，入焗爐焗半小時。

按照我的方法做的千層麵絕對不輸給餐館的，或者更好吃。

胡椒牛扒午餐

5月15日

陰有時晴　14°C

羅賓夫婦第一窩孩子差不多都自立了，之前用的那個鳥屋也棄之不要了。今早從窗戶看出去，一團東西掉在地上，原來是鳥巢的內膽，可能是羅賓打算在築巢之前要先清理掉舊鳥巢。但後來發現，牠們又用回在了儲藏室架子上的那個巢，巢的四周加了一圈草，裡面竟然還有4個蛋，想必是鳥兒考察過後，選擇了這個沒用過的巢，免得再重新築巢。而且儲藏室真是一個既安全，又能避風擋雨的好地方，鳥媽媽在這裡一天下一個蛋，估計下周一夠6個就開始孵蛋了。

5月是鳥類繁殖的季節。今天在花園看見一隻喜鵲叼了一條比自己身體還長的樹枝飛過，相信是準備築巢。所有光顧我的園子的鳥兒都是成雙結對的，大自然的規律不過如此，所有的生物都是為了種族的繁衍而生存。

戀愛和婚姻，不但是兩性之間的強烈吸引，還是種族求生意志的表現。戀愛中的人，即便是生活最平淡的人，也會變得神采飛揚，富有詩意。他們互相愛戀，完全不顧對方與自己的千差萬別；在他們眼中，對方的缺點也變成優點，盲目地追求自己的心上人，無視周遭一切。其實，他們已經被類似動物本能的衝動所支配，追求的並非單純是自己的事情，而是創造將來的新生命。

叔本華說：「戀愛和結婚是為種族的利益，而不是為個人。」結婚難免要犧牲個體，而選擇單身就要犧牲種族的繁衍生息。在現代社會，步入婚姻還是多數人的選擇，大概就是因為生物種族繁衍的本能吧。單身人士，或者丁克家庭，雖然能享受較多的自由，但在整個生命旅程中難免會有些許遺憾，感覺不完整。而有生兒育女的人們，犧牲了自己的自由卻換來了血脈的傳承，種族的永生。而年輕時貪戀自由、自我的人們錯過了最佳生育年齡，老來遺憾已晚矣。

大自然的生生不息，讓我聯想到這樣的道理。然而，要活得好，完成我們的使命，吃得好才是王道。很久沒吃過日本的速食牛扒店 PepperLunch，正好家裡有牛扒，午餐就做一個豐盛的「胡椒午餐」吧。

胡椒午餐，顧名思義，使用大量黑胡椒粉是其特色。除此之外，蒜蓉醬油和燒烤醬也是做出原汁原味的胡椒午餐的關鍵。說到燒烤醬，麥當勞的最佳，超市的 Sweet Baby Ray's Barbecue Sauce 也不錯。

牛扒午餐 BEEF STEAK PEPPER LUNCH ステーキご飯 胡椒牛扒午
AK PEPPER LUNCH ステーキご飯 胡椒牛扒午餐 BEEF STEAK PE

胡椒牛扒午餐

Beef Steak Pepper Lunch

份量

- 2 人

材料

- 牛扒：250 克
- 白飯：250 克
- 玉米粒：200 克
- 洋蔥：1/2 個
- 蒜頭：2 瓣
- 醬油：1 大匙
- 黑胡椒粉：適量
- 燒烤醬：適量
- 鹽：少許
- 牛油：1 大匙
- 橄欖油：適量

① 牛扒雙面撒少許鹽和黑胡椒粉，如果喜歡吃小塊的，可切成容易入口的小塊。

② 洋蔥切粒，蒜瓣切碎，再加一大匙醬油，待用。

③ 做胡椒午餐的鍋最好選用鑄鐵條紋煎鍋，不但熱力足夠，而且煎好的牛扒還會有漂亮的條紋。大火燒熱鍋，下少許橄欖油，放入牛扒粒，大火煎 **1** 分鐘封住肉汁，然後轉中火，放入牛油和洋蔥粒，繼續煎。視乎牛扒的厚度和大小，煎的時間也不同，但一般 **2** 至 **3** 分鐘就差不多了，不要煎太熟。

④ 把牛扒和洋蔥粒推到鍋的外圈，把一碗白飯倒扣在鍋中間，加入玉米粒、蒜蓉、醬油和適量的燒烤醬，拌勻。再撒上大量黑胡椒粉。蒜蓉、醬油、燒烤醬和黑胡椒粉是決定味道的關鍵，按照自己喜歡的口味調整份量即可。

胡椒牛扒午餐，一定要趁熱吃。一口牛扒，一口飯，濃郁的牛肉味與玉米粒的清甜相得益彰。最妙的是，黑胡椒的濃郁辛辣過後，隱隱留在口中的一絲微甜的煙熏滋味，那是燒烤醬的功勞。

御飯糰

5月20日
晴　24°C

今天是小滿，也是英國今年以來最熱的一天。倫敦及英國東南地區溫度飆升到27℃，比美國加州還熱，真真正正夏天的感覺。

早上出去跑步，跑到了家附近的一個單車步道。以前很少去，因為覺得人太少不安全，但今天這麼大的太陽，決定去探索一下。從公園出發，經過一條上坡小路，再通過一個小木門就上了步道。這是一條大約有40公里的柏油單車步道，路不寬卻整齊乾淨。一上步道，就被小路兩邊的白色花海震撼了，這類似滿天星的白色小花約有一米多高，開遍整個步道的兩側。太陽透過道路兩側的參天大樹灑下斑駁的光影，跑在白色花海中間的小路上，整個人都莫名地興奮起來。

季節的變化是多麼的神奇，春天把一條普通的步道變成了夢幻之路。一路跑過去，發現路邊可愛的野花真多。跑過一片黃色的油菜花叢，其中零星的藍色小花像星星一樣眨著眼睛。

忽然，發現一棵細高的植物，它優雅地站立著，纖細的枝頭吊著粉紅色倒掛金鐘式的花朵，一朵花有 5 組花瓣，薄得透明，像五隻小鴿子翹著翅膀聚在一起，羞答答的花苞則高高地掛著，好像在靜靜地瞟著我。這植物的名字叫夢幻草，美得讓人難以抗拒。有首歌唱道：「路邊的野花你不要採。」然而就是這路邊的野花，清新雅緻，比起雍容華貴的家花，別有一番風情。當然，此野花非彼野花，我採了幾株，插在玻璃房的花瓶裡，非常養眼。

天氣熱，吃壽司最舒服。看過紀錄片《壽司之神》，是講全球最年長的米芝蓮三星主廚小野二郎開壽司店的故事。有美食評論家稱讚小野二郎的壽司雖然都很簡單，看似也沒花多少工夫，但吃過之後，都會驚歎這麼簡單的東西，味道竟然會如此有深度。據說為了使壽司上的一小片章魚肉質從韌性十足變得口感柔軟，他要按摩章魚肉 40 分鐘，這恐怕是大繁至簡的最好例子。他還仔細地觀察客人，隨時調整服務，縝密計算上菜時機，讓整個用餐過程宛如一場交響樂演出，結尾畫出完美的驚歎號。小野二郎精益求精，決不妥協的信念與態度是他成功的關鍵。

壽司之神的餐廳太遙遠，不如貼地一些，自己做壽司飯糰解解饞。在日本旅行的時候，搭火車之前常常會買兩個飯糰備著，經常奢望飯糰的餡料能多一點，自己捏的飯糰當然可以盡管放自己喜歡的餡料，而且保證足料。

飯糰 ONIGIRI おにぎり 御飯糰 ONIGIRI おにぎり 御飯糰 ONIGIRI お
御飯糰 ONIGIRI おにぎり 御飯糰 ONIGIRI おにぎり 御飯糰 ONIGIRI

御飯糰

Onigiri

份量

- 2 人

材料

- 白飯：320 克
- 海苔片：2 張
- 米醋：1.5 大匙
- 砂糖：1 大匙
- 鹽：0.5 茶匙
- 白芝麻：1 茶匙

- 吞拿魚：1 罐
- 雞蛋：2 個
- 蛋黃醬：4 大匙
- 小黃瓜：1 條
- 鹽：少許

① 白飯趁熱加入各種調味料，這樣白飯能更好地吸收味道。

② 罐裝吞拿魚最好選不需要瀝水的魚排，方便而且口感比較細嫩。取 **1** 個大碗，放入吞拿魚排，先把魚排攪碎，越碎越好。加入 **3** 大匙蛋黃醬，攪拌均勻，待用。

③ 平底鍋不放油，打入兩個雞蛋，開小火，用筷子不停地攪拌，雞蛋熟了後，會呈細小的顆粒狀，耐心地把雞蛋全部攪拌呈小顆粒，取出待用。

④ 小黃瓜切絲，加少許鹽，醃 **10** 分鐘，把水擠掉，待用。雞蛋粒冷卻後，加入 **1** 大匙蛋黃醬，攪拌均勻。

⑤ 把海苔片放置在麵板上，盛 **1** 湯匙米飯放在海苔上，把米飯整理成方形（與海苔的方形呈對角）。再盛 **1** 匙吞拿魚，放在米飯上，然後，再依次鋪上黃瓜絲和雞蛋粒，最後再鋪一層米飯。把海苔摺疊包成一個方形小包。用保鮮紙包好，飯糰就做好了。可以橫切，也可以斜切，斷面有粉紅色的吞拿魚、綠色的小黃瓜和黃色的雞蛋粒，樣子清雅味道也是一流。若配上清涼可口的日式海帶絲，便是完美的夏季早午餐。

蔥油餅

5月26日
多雲　18°C

5月就要接近尾聲，大理花全部種下了，有幾棵根莖太大，就分株種在院子裡。現在就等待它們在6月雨水多的時候瘋長起來。我還買了兩個新品種的種子，一併種下。種花的樂趣在於等待開花，期間還能暗暗猜測花的模樣和顏色。養花、養魚、養鳥，之所以讓人著迷，原因就是人們喜歡期待的感覺吧。

今天跑步時發現路邊的櫻桃樹都結果子了，綠色的櫻桃掛滿枝頭。前幾天刮大風，被吹落的果子遍地都是。我家門口的那棵櫻桃樹是我用櫻桃種子種出來的，一晃已經4年了，長得很高，現在開始在頂端分枝了。據說櫻桃樹要7年才能結果，期待。

離我家不太遠處有一個很大的公園，以前就只在入口附近走

公園的黑白花小馬。

走，今天打算深入探索一下。公園深處有一個不大的湖，湖邊有幾個人在垂釣。在英國釣魚需要申請牌照，而且所有釣到的魚都要放回水中，人們不是釣魚來吃，而是釣來玩玩而已。這個湖邊有不少供釣魚人擺放座椅和垂釣工具的木枱，看來這裡是專門給人釣魚的；有些人乾脆搭個帳篷，一邊喝熱茶，一邊看書釣魚，好不愜意。

野鴨子、鴛鴦和大雁在湖邊嘰嘰嘎嘎地吵著。有 3 隻毛茸茸的小鴨子在岸邊徘徊試水，鴨媽媽和鴨爸爸在嘎嘎地叫著，像是在鼓勵牠們。離岸邊不遠的草地上有大片的三菱莖蔥（Three Cornered Leek），這是一種類似野蒜的植物，開著白色鈴鐺似的小花，花梗是三菱狀的，葉子細長，樣子很像韭菜。

我繼續向公園裡跑去，忽見一匹黑白花的小馬，4 個蹄子上長著濃密的白色的毛，遠處還有兩匹，一匹紅棕色，一匹白色。原來這裡是一個馬圈，養了 3 匹膘肥體壯的矮腳馬。白色和黑白花的小馬，一前一後地跑起來，長長的白鬃毛隨風飄動，俊逸瀟灑。那匹紅棕色的皮毛光滑發亮，在太陽光下呈現出艷麗的棗紅色，長睫毛下一雙黑眼睛純真無邪。

這真是令人欣喜的探索，美好的一天就這樣開始了。

跑完步回家就開始準備烙蔥油餅。麵糰是出門前和好醒上的，現在已經光滑柔軟，可以開始做了。

媽媽是山東人，蔥油餅一直是她最拿手的。她烙的蔥油餅柔軟有彈性，層次分明，蔥香四溢。我小時候，她經常烙蔥油餅，配炒馬鈴薯絲和小米粥。那就是一頓豐盛的晚餐。那時候油很矜貴，爸爸總是抱怨媽媽放油不夠多，她會賭氣地說：「這還不夠多，那你去喝油吧。」

後來，我開始嘗試烙蔥油餅，但起初不是太硬就是層次不夠分明。超市有賣一種印度餅的，薄薄的一張，放在平底鍋上，一會兒就會鼓起來，吃起來酥脆可口，但是好像就是用油和的麵，嫌太油膩。

其實，蔥油餅的秘訣在於麵糰要夠軟，麵粉最好使用高筋麵粉，這樣餅不但柔軟還富有彈性。其次就是用油酥代替單純地放油，層次會更分明。最後，傳統做餅的手法是擀成一個大餅，卷起來，再轉圈盤起來，然後擀薄。這個動作不是那麼容易做，弄不好蔥粒會掉出來，擀得太薄還會破壞層次。我現在用的方法簡單，容易操作，保證蔥粒不會跑出來，層層分明。

餅 CONG YOU BING 焼き葱入り餅葱油餅 CONG YOU BING 焼き
葱油餅 CONG YOU BING 焼き葱入り餅葱油餅 CONG YOU BING 焼

蔥油餅

Cong You Bing

份量

- 4 個

材料

- 高筋麵粉：300 克
- 鹽：2 克
- 熱水：150 克
- 冷水：80 克

- 小蔥：適量

油酥：

- 麵粉：1 大匙
- 油：2 大匙
- 白胡椒粉：少許

① 麵粉加入鹽和沸水攪拌，燙麵能夠使餅更柔軟。然後再加入冷水，攪拌成絮狀。用手揉成光滑偏軟的麵糰。把麵糰分成 **4** 個麵劑，刷上一層油，蓋上保鮮膜，醒麵 **20** 分鐘。

② 麵粉、胡椒粉加油揉成有流動性的油酥。

③ 小蔥切小粒。

④ 在麵板上滴少許油，手上也塗少許油，把麵糰擀成圓麵餅，越薄越好。用刷子刷上一層油酥。鋪上蔥粒。

⑤ 現在要把麵餅切米字形，注意中間保留約拳頭大小的部分不要切斷，共切 **4** 等份。然後，**4** 份中的 **3** 份每份中間再切一刀。這樣一個麵餅就有 **7** 個切口。把 **6** 塊較小的麵皮向中間摺疊，一個疊在另一個上面。最後，一片大的麵皮包裹整個麵坯，整理成一個圓形的麵坯。鬆弛 **10** 分鐘。

⑥ 把麵坯擀成薄餅，輕輕擀，避免蔥粒漏出來。

⑦ 平底鍋下油，油熱，把餅放進鍋中，烙至兩面金黃就好了。

用手撕開蔥油餅，層層疊疊的，飄出蔥香和油酥的鹹香，每一口都是柔軟，每一口都是媽媽的味道。

英格蘭廚房日記
冬去春來的生活與料理

FOOD & LIFE IN ENGLAND

A KITCHEN DIARY

WINTER & SPRING

秋宓　著

責任編輯
侯彩琳
書籍設計
姚國豪

攝影
秋宓

出版
三聯書店（香港）有限公司
香港北角英皇道 499 號北角工業大廈 20 樓
Joint Publishing (H.K.) Co., Ltd.
20/F., North Point Industrial Building,
499 King's Road, North Point, Hong Kong
香港發行
香港聯合書刊物流有限公司
香港新界荃灣德士古道 220-248 號 16 樓
印刷
美雅印刷製本有限公司
香港九龍觀塘榮業街 6 號 4 樓 A 室
版次
2020 年 10 月香港第一版第一次印刷
規格
特 16 開（153mm x 220 mm）320 面
國際書號
ISBN 978-962-04-4727-3

三聯書店
http://jointpublishing.com

JPBooks.Plus
http://jpbooks.plus